国家重点研发计划项……3)

U0167295

村镇非常规水源水深度处理技术指南

周添红　田秉晖　周石庆　王宝山　张洪伟　武福平　等　著

内 容 提 要

村镇饮用水水质净化技术和设备是保障饮用水安全的必要条件。本指南针对我国村镇非常规水源水质不达标、净水工艺和装备落后等问题，开展了以集雨水、融雪水、苦咸水、海咸水为典型代表的村镇非常规水源水深度处理技术与装备专题研究，识别干旱地区集雨水、高寒牧区融雪水、盐碱地区苦咸水、沿海地区海咸水的特征污染物，针对性地研发高效净化水质提升关键技术和装备，并开展应用示范，形成村镇非常规水源水深度处理技术指南，构建村镇饮用水安全保障技术体系，为促进村镇饮水安全建设与发展提供技术支撑。

本指南适合广大从事村镇饮水安全保障工作和非常规水源水深度处理工作的技术人员和管理人员阅读使用，也可供相关高校、科研院所和相关工程技术人员参考。

图书在版编目（CIP）数据

村镇非常规水源水深度处理技术指南 / 周添红等著. -- 北京 : 中国水利水电出版社, 2023.2
ISBN 978-7-5226-1439-7

Ⅰ. ①村… Ⅱ. ①周… Ⅲ. ①饮用水一水处理 Ⅳ. ①TU991.2

中国国家版本馆CIP数据核字(2023)第038832号

书　　名	**村镇非常规水源水深度处理技术指南** CUNZHEN FEICHANGGUI SHUIYUAN SHUI SHENDU CHULI JISHU ZHINAN
作　　者	周添红　田秉晖　周石庆　王宝山　张洪伟　武福平　等　著
出版发行	中国水利水电出版社 （北京市海淀区玉渊潭南路1号D座　100038） 网址：www.waterpub.com.cn E-mail：sales@mwr.gov.cn 电话：(010) 68545888（营销中心）
经　　售	北京科水图书销售有限公司 电话：(010) 68545874、63202643 全国各地新华书店和相关出版物销售网点
排　　版	中国水利水电出版社微机排版中心
印　　刷	天津嘉恒印务有限公司
规　　格	170mm×240mm　16开本　13.25印张　213千字
版　　次	2023年2月第1版　2023年2月第1次印刷
印　　数	0001—1000册
定　　价	**68.00**元

凡购买我社图书，如有缺页、倒页、脱页的，本社营销中心负责调换

版权所有·侵权必究

前言

水是生命之源，是人类赖以生存和发展最重要的自然资源之一。我国水资源时空分布不均衡，加之受气候、地貌、地质等自然因素和工农业生产等人为因素影响，导致部分干旱半干旱区、高寒牧区、盐碱地区、沿海地区等以非常规水源为唯一饮用水水源的村镇长期存在供水水质不达标等问题。党中央、国务院始终高度重视农村供水工作，《“十三五”脱贫攻坚规划》强调，要全面推进农村饮水安全巩固提升工程，解决贫困人口饮水安全问题是脱贫攻坚“两不愁三保障”的硬性指标。《全国“十四五”农村供水保障规划》提出，2025年全国农村自来水普及率达到88%，农村供水保障水平进一步提高，2035年我国将基本实现农村供水现代化。经过多年共同努力，我国已建成了比较完备的农村供水工程体系，至2020年年底，全国农村集中供水率达到了88%，全国农村自来水普及率达到83%，农村供水保障水平得到显著提升。在“十四五”期间，我国将稳步提升农村供水标准和质量，积极推进农村饮水安全向农村供水保障转变，奋力推动农村供水高质量发展。

村镇饮用水水质净化技术和设备是保障饮用水安全的必要条件，因此国家重点研发计划项目“村镇饮用水水质提升关键技术研究与装备开发（项目编号2019YFD1100100）”设立课题“村镇非常规水源水深度处理关键技术与装备（课题编号2019YFD1100103）”，针对我国村镇非常规水源水质不达标、净水工艺和装备落后等问题，开展以集雨水、融雪水、苦咸水、海咸水为典型代表的村镇非常规水源水深度处理技术与装备专题研究，为以非常规水源作为饮用水水源的村镇饮用水安全提供科技支撑。经过课题组三年努力，取得了一批有价值的成果。针对干旱地区集雨水、高寒牧区融雪水、盐碱地区苦咸水、沿海地区海咸水的特征污染物，研发高效净化水质提升关键技术和装备，并在甘肃、青海、陕西、福建等地开展应用示范，形成村镇非常规水源水深度处理技术指南，构建村镇饮用水安全保障技术体系，为促进村镇饮水安全提供技术支撑。

本指南既是对课题成果的总结与凝练，也是对如何做好村镇非常规水源水深度处理技术和确保村镇饮水安全工作的初步探索。本指南主要编写人员有周添红、田秉晖、周石庆、王宝山、张洪伟、武福平、梁建军、孟颖、徐磊、陈英波、阳平坚、闵芮、曾虹霖、王金怡、王苗等，编写单位为兰州交通大学、中国科学院生态环境研究中心、湖南大学、重庆大学、中车环境科技有限公司、天津膜天膜科技股份有限公司。在本指南编写过程中得到了中国农村技术开发中心的精心指导和大力支持，得到了众多村镇供水领域专家的悉心指引，得到了研发设备应用示范点工作人员的密切配合和热心帮助，得到了课题参与单位研究生的积极协助，正是由于他们创新性的研究工作和无私的付出，才确保了研究任务的圆满完成，在此一并对他们的辛勤劳动表示诚挚的谢意。

由于本指南涉及行业跨度较大，涉及的学科较多，遇到的问题较为复杂加上作者水平和时间所限，指南中的错误和不当之处恳请读者不吝赐教，批评指正！

作者

2022年11月

目录

第1章

绪　论

1.1　编制目的

为指导我国村镇非常规饮用水源水深度处理技术的发展，切实改善农村生活条件，保障村镇饮用水安全及居民饮用水健康，满足新时代乡村振兴战略需求，形成我国村镇非常规饮用水安全保障技术体系，立足实际问题，结合典型案例，编制本指南。

1.2　适用范围

本指南适用于我国村镇地区非常规水源水的深度处理和水质管控。

指南针对村镇地区非常规水源水（包括集雨水、融雪水、苦咸水、海咸水）的深度处理提供主要技术和推荐工艺，并结合实际应用示范给出了指导与建议。

1.3　规范性引用文件

本标准引用了下列文件中的条款。凡是注日期的引用文件，仅所注日期的版本适用于本指南。凡是不注日期的引用文件，其最新版本适用于本指南。

《中华人民共和国水污染防治法》

《中华人民共和国水法》

《生活饮用水卫生标准》(GB 5749)

《农村生活饮用水量卫生标准》(GB/T 11730)

《高寒高海拔地区城镇给水工程设计规范》(DB 54/T 0181)

《生活饮用水标准检验方法》(GB/T 5750)

《地表水资源质量评价技术规程》(SL 395)

《地表水环境质量标准》(GB 3838)

《室外给水设计标准》(GB 50013)

《地下水质量标准》(GB/T 14848)

《村镇供水工程技术规范》(SL 310)

《雨水集蓄利用工程技术规范》(GB/T 50596)

《城镇供水水质在线监测技术标准》(CJJ/T 271)

1.4 术语

1.4.1 村镇非常规水源

村镇因缺少一般意义上的河、湖、水库等地表水和地下水水源，而使用集雨水、融雪水、苦咸地下水和海咸水等的水源。

1.4.2 深度处理

因村镇非常规水源的特殊性，与市政常规处理（混凝-沉淀-过滤）不同的处理技术统称为深度处理。不同的非常规水源，深度处理技术不同。

1.4.3 集雨水

将雨水进行收集、存储和综合利用的水资源。

1.4.4 融雪水

因气温上升导致流域内积雪（冰）融水形成的水资源。

1.4.5 苦咸水

因流域降水量少、地下水径流缓慢且蒸发作用强烈导致的高碱、高盐、高氟、高硬度的地表水或地下水水源。

1.4.6 海咸水

因海拔较低或地下水超采导致海水倒灌造成溶解性总固体、卤素离子等含量升高的地表水或地下水。

1.4.7 村镇集中式饮用水处理

从水源集中取水输送至处理设施，净化后供多户或50人（含）以上村镇居民用水的处理方式。

1.4.8 村镇分散式饮用水处理

以单户或50人以下村镇居民为独立供水单元，由用户自行通过处理设施就地就近净化、管理的处理方式。

1.4.9 生物慢滤

滤速低于0.3m/h，在滤料表层形成生物滤膜，同时发挥滤料物理过滤吸附和生物滤膜的生化作用进行水质净化的处理办法。

1.4.10 导向性电渗析

基于电渗析电驱动盐渗析的脱盐机制，通过离子交换膜、隔网、电极、分级、分段、系统集成等的设计与优化，完成选择性脱盐和特定离子去除的分离净化过程。

1.4.11 无动力（重力式）超滤

又称重力流超滤技术（GDM），以进水口与出水口的重力压差为驱动力，通过浸没式超滤膜达到污染物截留、水质净化效果的处理工艺。

1.4.12 多级闪蒸

将盐水加热到一定程度后进入闪蒸室，由于闪蒸室的压力低于盐水的饱和蒸气压，导致部分热盐水迅速汽化，经过冷凝后形成淡水，从而达到盐水淡化的效果。

1.4.13 多效蒸馏系统

由多个单效蒸发器串联进行蒸发操作，以节省热量的蒸馏淡化系统。即将前一个蒸发器蒸发出来的二次蒸汽引入下一个蒸发器作为加热蒸汽，并在下一个蒸发器中冷凝为蒸馏水，如此依次进行直至最后一个蒸发器的蒸汽进入冷凝器中形成淡水。

1.4.14 电容去离子

又称作静电脱盐、电吸附等，是在电极两端施加电场，使正、负离子向相反方向移动，吸附于电极表面，从而使得电极中间的液体离子浓度降低。

1.4.15 热膜耦合

将热法和膜法工艺耦合，利用热法淡化的高纯度产水和膜法淡化工艺生产的低纯度产水进行掺混，达到分质产水的目的。

第 2 章

村镇非常规水源水概述

2.1 我国村镇饮水现状及存在问题

近年来，我国农村地区村镇供水能力显著提升。在村镇供水工程建设过程中，根据当地的地形、水源、人口规模和经济条件等多种因素，各地因地制宜。对于人口密集、用水量大的村镇，为了保证供水的质量和稳定性，通常采用集中式供水方式；对于用水量较小，居住分散，受地形、水源等条件限制较多的村镇，通常采用分散式供水方式。对原水进行净化和消毒处理，基本实现“水量充足、水质达标、用水方便、保证率高”的供水目标。

但在一些经济欠发达、水资源欠缺的地区，居民仍然无法喝到水质达标的饮用水，解决偏远地区供水安全问题迫在眉睫。非常规水源是常规水源的重要补充，对于缓解水资源供需矛盾、提高区域水资源配置效率和利用效益等方面具有重要作用。因此，针对缺少常规水源的地区，采用非常规水源水作为饮用水源，是解决村民用水安全与用水稳定性问题的有效措施。

2.2 村镇非常规水源水的概念

村镇非常规水源，即部分村镇由于水资源匮乏没有适合饮用的常规水源或因经济落后、地理位置偏远尚未普及生活饮用水，区别于传统意义上的地表水、地下水的（常规）水资源，经过深度处理后作为饮用水的水源。其主要特点为供水分散、水质条件相对较差。

2.3 村镇非常规水源水的主要分类

我国村镇非常规水源水主要以干旱地区集雨水、高寒牧区融雪水、盐碱地区苦咸水、沿海地区海咸水为典型代表。

2.3.1 干旱地区集雨水

干旱地区集雨水指干旱地区由于水资源缺乏，利用雨水集蓄处理设施（如水窖、水柜）收集天然降雨，将其作为满足人们生活、生产用水需求的水资源。特点是建设成本低、集雨效率高、取水方便、运维简单，但供水量不稳定，且浊度、色度、有机物、氨氮及微生物等水质指标超标。

2.3.2 高寒牧区融雪水

高寒牧区融雪水指将海拔高度不小于2500m的严寒或寒冷地区的积雪（冰）融水收集获得的水资源。特点是取水便捷，但溶解性有机物、微生物超标且存在季节性高浊问题。

2.3.3 盐碱地区苦咸水

盐碱地区苦咸水指西北、华北干旱内陆地区由于降水量低、径流缓慢且蒸发作用强烈导致高矿化度的地下水。特点是可溶性固体物质、氟化物、重金属离子超标。

2.3.4 沿海地区海咸水

沿海地区海咸水指东部沿海地区由于地形或地下水超采导致海水倒灌不再适宜饮用的地表水或地下水。特点为溶解性总固体、卤素离子等污染物含量不达标。

2.4 工艺选择原则

为保障村镇供水稳定，提升居民饮水质量，村镇非常规水源水深度处理工艺选择应遵循以下基本原则。

2.4.1 可靠性原则

根据地理气候、水源分布等自然条件以及村镇饮用水生产、生活习惯，科学确定本地区的非常规水源，并设计合理的非常规水源水深度处理工艺，在保证水量足够的前提下，水质稳定达标，并应尽可能提高水处理设备自动化程度，降低故障发生率，保障水处理设备的长久运行。

2.4.2 针对性原则

非常规水源水的水质、水量呈现季节性变化、地区性差异等特点，水处理工艺应根据非常规水源水的原水水质、出水水质要求与设计产水量，充分考虑当地村镇经济承受能力，参照相似条件下的设施建设与运行经验，经技术经济比较后确定。

2.4.3 适用性原则

水处理建设应与当地村镇整体规划协调，统筹考虑村镇经济能力与发展状况，近期、远期规划相结合，选择工程造价低、运行费用少、能耗低的水处理工艺。受水源、地形、经济等条件限制，无法采用集中式供水时，可根据实际情况选用分散式供水。在满足用水需求的前提下，力求水处理设备和系统运行管理简单、维护方便。

第3章

干旱地区集雨水净化技术

3.1 干旱地区集雨水水质特征及污染物来源

3.1.1 水质特征

在西北地区常规水资源极为有限的环境下，大部分缺水村镇都将雨水作为主要的饮用水水源，修建水窖蓄积雨水是保障该地区供水需求的主要方式。虽然雨水集流工程在一定程度上缓解了西北干旱地区的用水危机，但是在雨水收集过程中会将下垫面的泥沙、动物粪便等污染物带入水窖中，造成窖水水质中的浊度、色度、微生物、有机物、总氮等污染物超标[1]。

以甘肃省庆阳市环县周边村镇地区的14处集雨水窖为例（表3.1），对西北偏远村镇地区集雨窖水的水质特征、特征污染物类别进行分析，发现该地区集雨窖水的主要超标指标为浊度、色度、菌落总数，部分集雨窖水存在氨氮超标问题。其中集雨窖水的浊度、色度受季节性影响较为显著，雨季浊度、色度明显高于旱季。此外，大部分集雨窖水均存在微生物超标现象，菌落总数远高于《生活饮用水卫生标准》（GB 5749—2022）的要求。

3.1.2 污染物来源

3.1.2.1 悬浮颗粒和胶体物质

水中的悬浮颗粒和胶体物质不仅会影响饮用水的感官性状，同时也是水中各种病毒、细菌和污染物的载体。由于集雨水在收集的过程中会将尘土、枯树叶、毛发以及禽畜粪便等带入到水窖中，使得窖水中含有泥沙、

表 3.1 西北村镇地区集雨窖水水质情况

水质指标	溶解氧/(mg/L)	pH 值	电导率/(μS/cm)	溶解性总固体/(mg/L)	色度/度	浊度/NTU	总有机碳/(mg/L)	氨氮/(mg/L)	硫酸盐/(mg/L)	菌落总数/(CFU/mL)	高锰酸盐指数/(mg/L)
水窖 1	4.12	8.16	958	482	31	0.37	1.49	0	94.16	70	1.73
水窖 2	3.87	9.06	214	107	40	1.62	0.80	0	5.97	133	1.93
水窖 3	2.66	8.56	284	142	64	4.45	0.27	0	19.60	130	2.31
水窖 4	8.16	7.99	384	191	45	6.13	1.78	0.02	21.12	230	0.48
水窖 5	6.05	7.92	273	136	37	3.38	2.10	0	11.75	190	0.95
水窖 6	3.44	8.53	277	139	12	0.42	1.00	0.01	9.49	130	0.38
水窖 7	2.39	8.21	674	337	50	4.15	1.22	0	48.88	305	1.20
水窖 8	6.32	6.69	130	65	87	13.70	0.68	0.17	6.40	376	0.55
水窖 9	6.02	6.95	294	147	60	5.53	1.00	0.19	36.40	—	0.58
水窖 10	6.43	8.54	302	151	43	4.21	2.47	0.66	8.33	—	0.95
水窖 11	6.43	7.54	247.3	123.7	29	4.41	1.44	0.51	5.79	—	0.68
水窖 12	7.70	7.88	176.8	88.4	117	20.70	2.10	0.18	8.06	—	3.78
水窖 13	6.74	8.56	134.8	67.4	51	11.10	1.58	0.41	7.79	—	11.25
水窖 14	5.74	8.57	134.6	67.3	25	3.25	1.16	0.17	4.14	—	10.51
平均值	5.43	8.08	320.25	160.27	49.36	5.96	1.36	0.17	20.56	195.50	2.66
《生活饮用水卫生标准》(GB 5749—2022) 的要求	—	6.5～9.5	—	1000	15	1	4.5	0.5	250	100	3

黏土、浮游生物、有机物、无机物和微生物等一系列的悬浮颗粒和胶体物质[1]，从而导致集雨窖水的浊度超标。

在降雨历程期，窖水的浊度较高，但随着长时间的静置沉淀，窖水的浊度下降，一般为 2～15NTU，不能满足《生活饮用水卫生标准》(GB 5749—2022) 的要求。

3.1.2.2 有机物

西北村镇窖水中的有机物污染主要是由集雨水中存在的枯树叶、禽畜粪便以及其他杂质引起的，使得窖水中表征有机物指标（如高锰酸盐指数）达不到指标限值要求。西北村镇集雨窖水的高锰酸盐指数一般为1.5～6mg/L[1]，不能满足《生活饮用水卫生标准》（GB 5749—2022）的限值要求。

3.1.2.3 含氮化合物

氨氮通常是由于在氧气不足时含氮有机物分解或氮化合物被反硝化细菌还原而生成的，在一定程度上反映了水质的污染程度。西北村镇地区集雨窖水的氨氮浓度通常为0.1～1.0mg/L，部分窖水的氨氮浓度（以氮计）高于《生活饮用水卫生标准》（GB 5749—2022）中0.5mg/L的限值要求。窖水中的氨氮浓度较高时，会促使窖水中的亚硝化细菌滋生，导致水中的细菌超标，从而影响饮用水安全性。

3.1.2.4 微生物

在降雨收集过程中，下垫面上的污染物会随地表径流进入水窖，造成大肠菌群数及菌落总数超标。经调查，窖水中菌落总数一般大于100CFU/mL，超出《生活饮用水卫生标准》（GB 5749—2022）的限值要求。

3.2 干旱地区集雨水主要处理技术

3.2.1 微絮凝过滤技术

3.2.1.1 技术简介

微絮凝过滤技术也称直接过滤技术，是省去沉淀过程而将混凝与过滤过程在滤池内同步完成的一种新型接触絮凝过滤工艺技术，是混凝与过滤过程有机结合而形成的新的单元处理过程。

微絮凝过滤是在原水中投加混凝剂后，通过混合设备快速均匀的混合后，胶体脱稳形成微小的絮凝体，水流进入过滤池后，微絮体向滤层深部透入。因微絮体尺寸小、惯性小，增加了同滤料表面的接触机会，形成与滤料的全表面附着，使其在一般滤速的条件下不易脱落，提高了滤料中的纳污能力，有利于滤层截留更多的杂质[2]。

微絮凝过滤在过滤前需投加絮凝剂并设置适当的絮凝反应池，将絮凝反应的一部分放在反应器内进行，另一部分移至滤池中进行，以增大初级絮体颗粒粒径，达到减少滤池水头损失、改善出水水质的目的。因此滤池不仅起常规过滤作用，还兼有絮凝和沉淀作用。滤前不设沉淀工艺，简化了水处理流程。由于微絮凝过滤是深床过滤，所以要求滤料层高度比传统滤池大。微絮凝过滤技术的缺点在于受截污量的限制，不能处理高浊度、高色度的水质。由于没有沉淀缓冲作用，微絮凝过滤技术的滤床熟化慢且停留时间短，故要求严格选择药剂，控制絮凝过程及投加量，并需要进行连续监测及配备自动化控制系统。

3.2.1.2 技术应用

迟玉金[2] 针对户部岭水库水低温低浊的特点，通过微絮凝过滤试验得出处理效果最佳的工况条件。实验表明：絮凝时间在 4min 以上，滤速为 7m/h 时，聚合氯化铝（polyaluminum chloride，PAC）投加量比常规工艺减少约 30%用量，投药量为 15～20mg/L。其对浊度的去除率约为 90%，出水浊度达到 0.2NTU，出水色度低于 5 度，高锰酸盐指数的去除率约为 60%，UV_{254} 和溶解性有机碳去除率约为 70%，出水 pH 值在 7 左右。

黄斌等[3] 为明确絮凝剂投加后水质的变化情况，开展了基于颗粒计数的滤池微絮凝生产性试验，结果表明：在投加絮凝剂之后，滤池进水颗粒物数量明显增加，经过滤后对水体中小颗粒的去除率从不足 60%提高到 80%以上，颗粒物的数量明显下降，滤池出水浊度降低。

杜峻等[4] 以上海浦东国际机场围场河收集的雨水作为研究对象，考察了微絮凝过滤对雨水中的浊度、UV_{254}、高锰酸盐指数、氨氮以及氯离子（Cl^-）的去除效果（表 3.2）。结果表明：当采用 PAC 为絮凝剂时，微絮凝过滤对浊度有较好的去除效果，对有机物也有一定的去除能力。当 PAC 的投加量达到 3mg/L 以上时，出水浊度均在 2NTU 以下；当 PAC 的投加量为 3mg/L 时，对浊度的去除效果最好，去除率达到 86.58%；当 PAC 的投加量为 3～4mg/L 时，对有机物的去除效果最好，对高锰酸盐指数和 UV_{254} 的最高去除率分别达到 24.6%和 35.78%。

兰州交通大学针对西北村镇地区集雨水的特征污染物及浓度，采用微絮凝过滤技术对集雨水中特征污染物进行降解实验，其去除效果见表3.3。其中，高锰酸盐指数去除率为47.72%，达到《生活饮用水卫生标准》(GB 5749—2022) 的要求。

表3.2 原水水质条件

指标	浊度/NTU	UV_{254}/cm^{-1}	高锰酸盐指数/(mg/L)	氨氮/(mg/L)	Cl^-/(mg/L)
原水水质	8.7～11.4	0.105～0.120	7.07～7.55	1.50～2.08	1.7

表3.3 微絮凝过滤对集雨水中特征污染物的去除效果

指标	原水水质	微絮凝过滤出水水质	最大去除率
浊度	15.3NTU	1.53NTU	90.00%
高锰酸盐指数	3.47mg/L	1.81mg/L	47.72%
氨氮	0.954mg/L	0.67mg/L	30.00%

3.2.1.3 适用水质范围

微絮凝过滤技术可简化水厂处理流程，降低投资成本和运行费用，适用于集雨水等低温低浊水和原水水质条件较好的集雨窖水的净化处理。主要处理对象为浊度、色度、氨氮和部分溶解性有机物，微絮凝过滤技术适宜的进水水质：浊度不大于25NTU，色度不大于25度。

3.2.2 电催化氧化技术

3.2.2.1 技术简介

电催化氧化技术是使污染物直接在电极上发生反应，或利用电极的直接氧化作用和电极表面强氧化性自由基的间接氧化作用使污染物发生氧化还原反应，以降解水中的污染物[5]。相对其他常规水处理技术，具有不添加化学药剂、氧化能力强、无二次污染、设备简单、操作管理方便的优点，被认为是一种高效、低耗、清洁、环保的先进处理技术[5]。电催化氧化水处理技术既可以作为单独处理，又可以与其他水处理技术相结合，如作为前处理，可以提高水的可生物降解性。因此，电催化氧化技术被称为“环境友好”技术[6]。

3.2.2.2 技术应用

Ryan等[7] 以电絮凝-电催化氧化去除模拟饮用水源中的微量有机物，

研究评估了连续电絮凝-电催化氧化在模拟地下水和地表水中去除微量有机化合物（阿昔洛韦、甲氧苄啶和苄基二甲基癸基氯化铵）的效果。结果表明：仅电催化氧化单元对阿昔洛韦和甲氧苄啶两种有机物的去除率可以达到70%。

Periyasamy等[8]以石墨为电催化氧化法的阳极，研究其对水中有机物的降解效果。结果表明：在初始pH值为4的条件下，电解240min后，对乙酰氨基酚、化学需氧量和总有机碳的最大去除率分别达到90%、82%和65%。

综上所述，电催化氧化技术适用于难生物降解或一般化学氧化法难以降解的水中有机物的处理，在水处理过程中可以直接和水中的有机物进行反应，将其转化为二氧化碳、水和简单有机物，减少二次污染。

3.2.2.3 适用范围

电催化氧化技术适用于有机物含量较高或有难降解有机物的集雨水的处理。电催化氧化技术不受地理和气候条件影响，反应条件温和，常温常压条件下进行，适于经济较为发达、电力资源供给完善的村镇地区饮用水处理。

3.2.3 超滤技术

3.2.3.1 技术简介

超滤技术是通过膜表面的微孔结构对物质进行选择性分离[9]。当液体混合物在一定压力下流经膜表面时，小分子溶质透过膜（称为超滤液），而大分子物质则被截留，使原液中大分子浓度逐渐提高（称为浓缩液），从而实现对大分子、小分子分离、浓缩、净化的目的。超滤技术本质上是一种分子过滤技术，通过过滤掉不符合饮水标准的大分子物质来达到饮用水深度处理的目的。

超滤技术一般在常温条件下就可以进行，不破坏分子成分，过滤过程中不发生相变化，具有无污染、设备简单、操作简便、能耗低等特点，适合饮用水的深度处理[10]。超滤膜的种类有很多，目前工业所用的无机膜大多是多孔陶瓷膜或以多孔陶瓷为支撑体的复合膜。随着粉末技术的发展，很多优质价廉的金属烧结微孔管投入市场，它具有易于和金属构件组合、加工等优点。

超滤技术依据工作方式分为有压式超滤技术和无动力超滤技术（又称重力式超滤技术）。

基于我国西北村镇地区典型集雨窖水的水质特征，有压式超滤技术能够有效地去除雨水中的悬浮颗粒物以及病原微生物，但是仍然存在能耗相对较高、维护频繁等问题。无动力超滤技术可以凭借低能耗、低维护频率的优点弥补有压式超滤技术的不足。

无动力超滤技术反应器主要由储水池、膜池和聚偏氟乙烯（PVDF）超滤膜组件三部分组成[11]（图3.1）。在重力作用下，雨水可以直接从储水池进入到膜池中的超滤膜组件中进行过滤，过滤后的雨水由膜池底部的储水桶收集。无动力超滤装置采用连续流运行模式，跨膜压保持在4～8kPa。

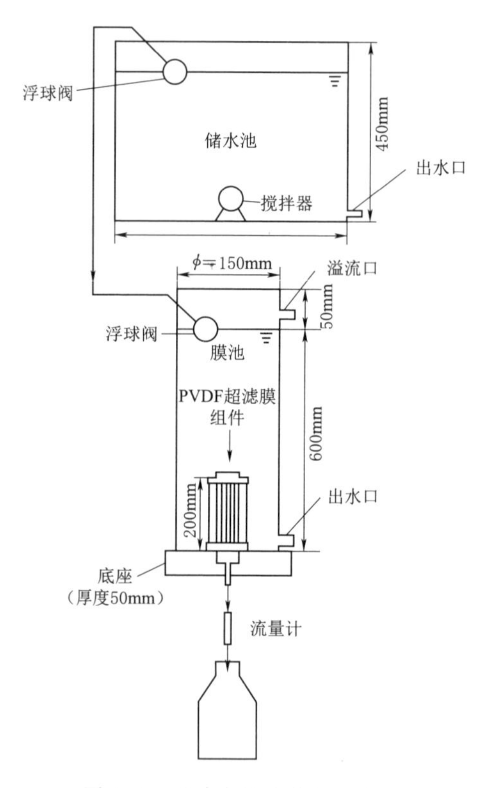

图3.1 无动力超滤装置示意图

无动力超滤技术可以适应我国西北干旱地区集雨窖水的水质特点，无须外部动力驱动，可以降低运行维护的成本和能耗，在低压、无反冲洗及无任何维护条件下可长期稳定运行。

3.2.3.2 技术应用

陈现强[1] 研究表明改性活性炭超滤膜集成技术对窖水中的污染物有很好的去除效果，窖水中氨氮、高锰酸盐指数、UV_{254}、浊度分别为0.337mg/L、1.78mg/L、0.019cm^{-1}、0.38NTU，去除率分别为37.71%、50%、78.65%、95.32%，出水水质达到《生活饮用水卫生标准》(GB 5749—2022) 的水质要求。

张国珍等[9] 使用以有压式超滤技术为核心、颗粒活性炭-纳米金属簇为预处理的集成净水工艺，对甘肃会宁县柴门乡某户的集雨窖进行处理试验。集成净水工艺对集雨窖水中污染物的去除效果见表3.4。

表3.4　　集成净水工艺对集雨窖水中污染物的去除效果[9]

指标	原水水质	出水水质	超滤单元去除率	总去除率
浊度	1.26～33.5NTU	<0.6NTU	69.52%	82.26%
高锰酸盐指数	1.24～5.28mg/L	2.27mg/L	11.57%	29.86%
氨氮	0.65～2.23mg/L	0.3mg/L	18.77%	50.95%

结果表明，有压式超滤处理单元对浊度的去除率为69.52%，高锰酸盐指数的平均去除率为11.57%，氨氮的平均去除率为18.77%。集雨窖水浊度为1.26～33.5NTU时，试验装置出水浊度稳定在0.6NTU以下，高锰酸盐指数稳定在2.27mg/L，氨氮稳定在0.3mg/L以下，出水水质均满足《生活饮用水卫生标准》(GB 5749—2022) 的浓度限值要求。

郑雨[12] 基于典型集雨窖水的水质特征，开发了低能耗、低维护的雨水无动力超滤深度处理技术，雨水无动力超滤装置出水通量变化情况如图3.2所示。该装置在低压、无反冲洗、化学清洗以及无任何维护的条件下运行10天后达到稳定状态，连续稳定运行240天后，平均膜通量为7.4L/(m^2·h)，处理模拟雨水7200L。

雨水无动力超滤装置对我国西北村镇地区集雨窖水中的特征污染物均有较好的去除效果，出水浊度、色度和菌落总数的平均去除率分别为92.8%、81.1%和99.81%（图3.3），均达到《生活饮用水卫生标准》(GB 5749—2022) 的浓度限值要求。因此，该技术可有效保障我国西北以雨水为饮用水的村镇地区的水质安全。

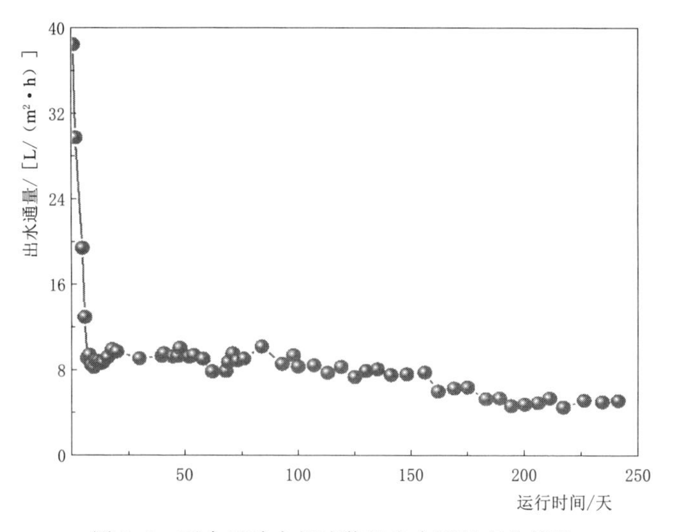

图 3.2 雨水无动力超滤装置出水通量变化情况

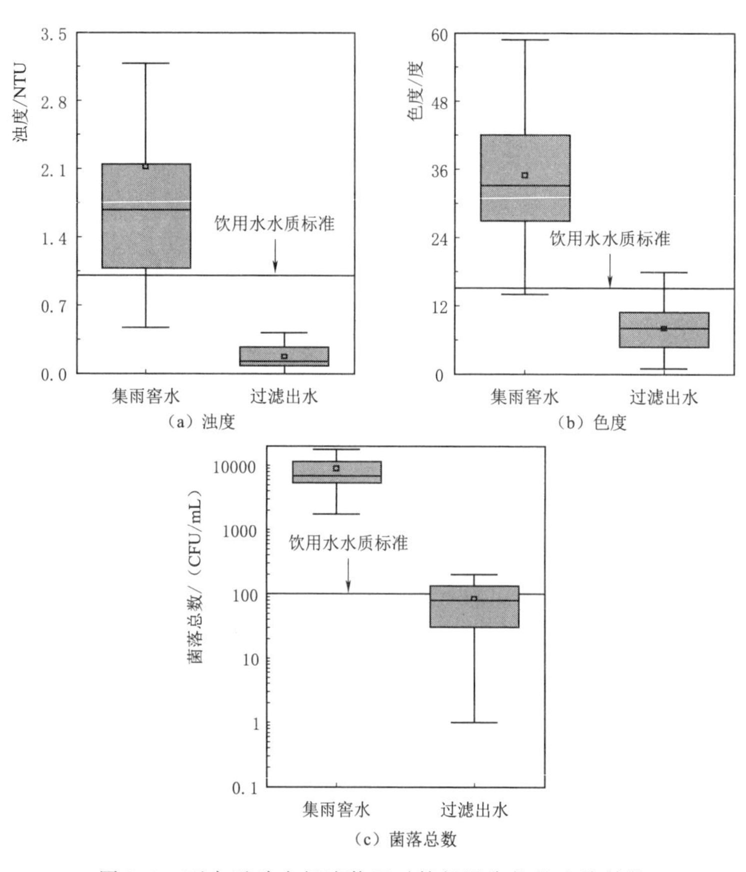

图 3.3 雨水无动力超滤装置对特征污染物的去除效能

3.2.3.3 适用范围

超滤技术的装置简单、流程短、操作简便、易于控制和维护，具有良好地截留悬浮物和细菌微生物的功能，对浊度和细菌总数以及总大肠菌群数等水质指标都有非常好的去除效果，是一种节能环保的分离技术，适用于对出水稳定性和饮用水品质要求较高的集雨窖水处理。其中，有压式超滤技术可用于经济条件较好、管理水平较高的村镇或农户，而对于管理水平较低、经济条件较差的村镇或农户可采用无动力超滤技术。

3.2.4 生物慢滤技术

3.2.4.1 技术简介

生物慢滤技术是一种综合机械过滤、生物吸附降解、静电吸附、沉淀等物理化学和生物化学作用的绿色水处理技术。生物慢滤反应器中待处理水以缓慢流速流经滤料层，设备运行前期主要依靠滤料对悬浮颗粒物的机械筛滤作用截留污染物。经 1～2 个月的驯化运行后，慢滤池滤料表面会形成一层厚度为 1.5cm 左右、含有多种微生物或藻类的生物黏膜。设备稳定运行后，通过滤料对悬浮颗粒物的机械筛滤作用、滤料表层附着微生物层对病原体的捕食作用以及微生物层对有机污染物的吸附截留作用捕食病原体和吸附有机污染物，达到水质净化的目的。驯化运行后的慢滤池滤料既能保证层内微生物的正常生长，又能保证水体的除菌净化；微生物层在滤料表层的分布，既能增加滤料表层的致密程度，增强过滤作用，又能增加与水中微生物的接触能力，强化吸附效能。生物慢滤技术的关键在于滤料表层的生物膜层，滤料的成熟度（即表层形成成熟的生物膜）直接影响滤池内微生物的活性及水力停留时间，决定了该技术的处理效果。当滤料表面生物膜成熟后，则主要通过生物膜的生物化学作用更加稳定地去除污染物。生物慢滤技术最大的优势在于无能耗、无污染排放、构造简单、操作简便、造价低、运行成本低、无需投药等，可以高效去除水中浊度、色度、有机物、氨氮等污染物[13]。

3.2.4.2 技术应用

杨浩等[14] 针对我国西北地区集雨窖水污染现状，在技术优化及集成的基础上，将该技术成功用于西北干旱村镇地区。结果表明：粗滤-生物慢滤水质净化技术能有效处理集雨窖水，对常见的污染物均有很好的去除效果。在粗滤-生物慢滤设备滤速为0.2m/h的条件下，生物膜的生长周期为40天左右。在生物膜形成后，设备出水的平均浊度、高锰酸盐指数、氨氮分别为0.8NTU、2.5mg/L、0.47mg/L，平均去除率分别为90%、34%、31%，出水水质满足《生活饮用水卫生标准》(GB 5749—2022)的要求。

张国珍等[15]针对西北村镇集雨窖水污染现状，采用粗滤-生物慢滤组合净水工艺进行了现场试验研究。通过自然挂膜确定了膜的生物稳定期，并对其影响因素进行了分析。结果表明：粗滤-生物慢滤小型净水装置对西北村镇集雨窖水的浊度、有机物、氨氮及微生物学指标有良好的去除效果。在粗滤-生物慢滤设备滤速为0.1m/h的情况下，生物膜的生长期为40～50d。在生物膜形成后，平均出水氨氮浓度为0.285mg/L，氨氮去除率最高达78.35%；平均出水高锰酸盐指数浓度为2.27mg/L，高锰酸盐指数去除率最高达到61.58%；平均出水浊度为0.56NTU，浊度去除率最高达到98.99%。因此，该技术可有效保障我国西北村镇地区等以户为单位的分散式窖水的饮水水质。

3.2.4.3 适用范围

生物慢滤技术具有无需投加任何药剂、操作管理方便、造价低、运行成本低、易于小型化等优点，适用于小型供水系统，尤其是经济条件一般且受到易生物降解类有机物污染的集雨窖水的水质安全处理。对于水质相当于地表水Ⅱ～Ⅲ类水体的集雨水，可采用生物慢滤技术，通过生物膜对有机污染物的吸附、降解及截留作用，达到去除浊度、有机物及氨氮的目的。

3.2.5 臭氧-生物活性炭技术

3.2.5.1 技术简介

臭氧-生物活性炭技术包括三个过程：臭氧氧化、活性炭吸附和生物降解。首先利用臭氧的强氧化能力将有机物分解成小分子有机物，然后利用活性炭良好的吸附性能吸附水中的小分子有机物，再由吸附在活性炭上的微生物对有机物进行降解。臭氧分解后会产生大量的氧气，可为活性炭处理中的生物降解提供氧气。研究证明，臭氧-生物活性炭技术可以高效去除水中的有机物，生物技术的耦合可以延长活性炭的运行周期，达到单独使用活性炭的 4～6 倍[16]。臭氧-生物活性炭技术因其具有高效去除微量有机物和消毒副产物前体物等优点，在饮用水处理中得到了越来越广泛的推广和应用。

3.2.5.2 技术应用

王柯等[17] 以长江下游镇江征润州段为原水，研究臭氧-生物活性炭技术对有机物特性变化的影响。结果表明：当臭氧通入量为 2.5mg/L 时，臭氧-生物活性炭技术对高锰酸盐指数、氨氮、UV_{254} 均有较好的去除效果，去除率分别为 68.5％、86.7％、94.1％（表 3.5）；对两类消毒副产物前体物三卤甲烷前体物（THMFP）和卤乙酸前体物（HAAFP）的去除率分别为 57.3％和 48.9％，对消毒副产物前体物具有显著的去除效果，深度处理出水中可生物降解性有机碳（BDOC）含量为 0.14mg/L，有效保障了出水水质。

表 3.5　臭氧-生物活性炭技术对水中常规污染物的去除效果[17]

指标	原水水质	臭氧-生物活性炭出水水质	平均去除率
高锰酸盐指数	1.97～2.54mg/L	0.62～0.80mg/L	68.5％
UV_{254}	0.067～0.084cm^{-1}	0.004～0.005cm^{-1}	94.1％
氨氮	0.17～0.21mg/L	0.023～0.028mg/L	86.7％

侯宝芹等[18] 以钱塘江水为原水，研究臭氧-生物活性炭技术对水体中污染物的去除效果。结果表明：臭氧-生物活性炭技术对有机物、感官性状和一般化学指标的去除效果较好，高锰酸盐指数去除率为 49.79％～72.45％时，出水高锰酸盐指数降至 0.77～1.25mg/L。原水氨氮为 0.1～0.35mg/L 时，氨氮的去除率为 75％～95％，出水氨氮为 0.023～0.028mg/L；原水氨氮为 0.05～0.1mg/L 时，氨氮的去除率为 20％～60％，出水氨氮为 0.02～0.05mg/L（表 3.6）。

表 3.6　臭氧-生物活性炭技术对高锰酸盐指数、氨氮的去除效果[18]

指标	原水水质	臭氧-生物活性炭出水水质	平均去除率
高锰酸盐指数	1.75～4.15mg/L	0.77～1.25mg/L	49.79％～72.45％
氨氮	0.1～0.35mg/L	0.023～0.028mg/L	75％～95％
	0.05～0.1mg/L	0.02～0.05mg/L	20％～60％

综上所述，臭氧-生物活性炭技术作为一种先进的深度水处理工艺，对水源中普遍存在的有机污染物有显著的净化效果，为村镇微污染饮用水的净化提供了一种高效的技术方案。虽然臭氧-生物活性炭技术在村镇饮用水净化具有显著的优势，但在实际应用过程中，还需要根据具体的村镇水源水质情况和处理需求进行科学合理的设计，以确保净水效果。

3.2.5.3 适用范围

臭氧-生物活性炭技术对水中溶解性有机物和致突变物的去除效果突出，能有效地去除水中的有机物、氨氮、悬浮物、色度、异味等有害物质，适用于经济条件较好村镇地区集中式或分布式饮用水处理。但在实际应用过程中，需要根据原水水质科学合理的设计臭氧投加量、生物活性炭吸附时间等关键参数，以达到最佳的处理效果，保障村民用水安全。

3.2.6 紫外消毒技术

3.2.6.1 技术简介

紫外线（UV）是一种波长为10～400nm的肉眼不可见电磁波，电磁波谱频率为$7.5\times10^{14}\sim3\times10^{16}$Hz，按照波长可分为UVA（315～400nm）、UVB（280～315nm）、UVC（200～280nm）和真空紫外（100～200nm）等（图3.4）。水处理中，大多数紫外消毒技术利用紫外线的UVC（240～280nm）波段来实现消毒目的[19]。

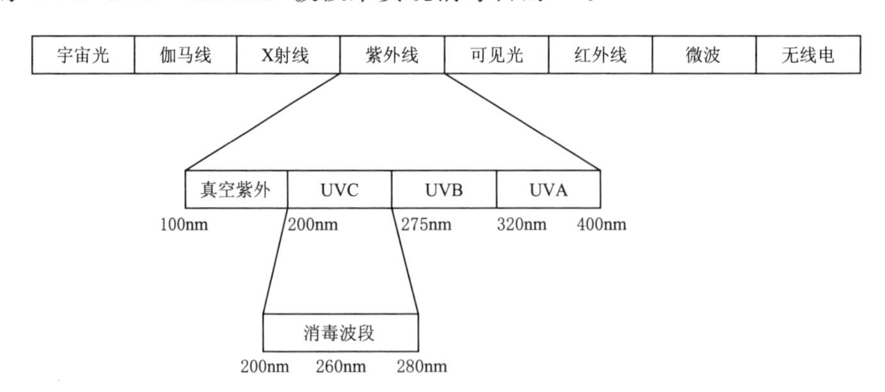

图3.4 紫外线消毒波段[20]

（100nm、200nm、275nm、320nm和400nm表示所有紫外线的波长范围；200nm、260nm、280nm表示适合紫外消毒的波长范围）

紫外消毒是一种物理方法，利用适当波长的紫外线破坏微生物机体细胞中的脱氧核糖核酸（DNA）或核糖核酸（RNA）的分子结构，造成生长性细胞死亡和（或）再生性细胞死亡，使细胞不能正常的生长繁殖，从而达到杀菌消毒的效果。紫外消毒技术的特点为：只需极短接触时间（秒的数量级范围内）就对细菌有较高杀菌效果；基本上不改变水的物化性质；装置体积小、易操作、成本低。

DNA 中的胞嘧啶、胸腺嘧啶和 RNA 中的胞嘧啶、尿嘧啶作为芳香族化合物比较容易吸收紫外光。当紫外线照射时，会破坏生物体内的 DNA 或 RNA。作为生物体发育和正常运作必不可少的生物大分子，由于 DNA 双链结构被破坏，RNA 的复制和转录无法进行，无法合成微生物生存和繁殖所需的蛋白质，最终导致微生物体死亡，该过程为光化学反应过程[19]。

3.2.6.2 技术应用

孙雯[21] 选取黄浦江原水为研究对象，考察了紫外消毒对水中微生物的灭活与光复活效果的影响。研究发现，随着紫外辐射剂量的增加，大肠杆菌的灭活率不断提高，在相同的紫外辐射剂量下，高紫外强度灭活大肠杆菌的效果更好。此外，赵建超等[22] 利用紫外灭活地下水源水中真菌时发现，在相同紫外辐射剂量下，高紫外强度的真菌灭活效果优于低紫外强度。

在多数情况下，不同生物体的 DNA 吸收波长不一定与自身对紫外线光的敏感性相吻合。生物学上常用失活速率常数 k 来表示微生物对紫外光的敏感度。k 值越大，微生物对紫外光的敏感度越强，越容易被杀灭。朱俊彦[19] 总结了水中不同微生物对紫外光的敏感度。如表 3.7 所示，在 254nm 波长的紫外光下，大肠杆菌的失活速率常数远高于其他微生物，说明比微生物更容易吸收 UVC 的辐射。另外，微生物的生命活动除了 DNA 和 RNA 外，其他组成部分（如蛋白质和细胞膜）对生物体的生命活动也具有重要的意义，紫外光也有可能通过破坏这部分物质的性质进而影响生物体的生命活动。例如，ΦX174 噬菌体在 255nm 的紫外光波长照射下，比在 254nm 波长紫外光中更敏感，这说明紫外光在影响生物体遗传物质的同时，还影响了其生命活动的其他必要成分。因此，应对不同的生物分析其在不同紫外光波长下的失活速率常数 k，以确定其最佳紫外吸收波长，达到最佳消毒效果。

表 3.7　　水中不同微生物对紫外光的敏感度

微生物类型	紫外光波长/nm	失活速率常数/(cm^2/mJ)
ΦX174 噬菌体	254	0.396
	255	0.578
	280	0.360
T7 噬菌体	254	0.232
	255	0.195
	275	0.235
Qβ 噬菌体	254	0.084
	255	0.084
	280	0.035
MS2 噬菌体	254	0.055
	255	0.078
	280	0.033
大肠杆菌	254	0.506
枯草芽孢杆菌	250	0.051
	254	0.059
	269	0.148
	282	0.120

3.2.6.3　适用范围

水中悬浮物、铁等的存在会降低紫外线的穿透率，影响紫外消毒效果，因此紫外消毒适用于经过混凝、沉淀、过滤等单元处理后的水体。从环境和经济方面来看，紫外消毒技术具有占地面积小、价格低廉、杀菌范围广、杀菌迅速、消毒后不产生其他任何副作用、不引进杂质、水的物化性基本不变等诸多优点，较适合经济发展较落后的偏远地区分散式的中小型水处理单元。

3.2.7 电化学消毒技术

3.2.7.1 技术简介

电化学法因具有安全、高效、低耗、占地面积小等优点而逐渐应用于饮用水的消毒处理。电化学消毒技术的作用机理可以分为直接杀菌和间接杀菌[23]。直接杀菌是利用电场的物理作用杀菌，使细胞膜发生不可逆穿孔破坏，造成细胞内蛋白质流出，引起细胞死亡。还可利用电渗、电泳等电场作用通过细胞和电极之间的电子传递，改变细胞膜通透性或细胞内代谢酶活性来灭活细菌。吸附-电解法为直接杀菌的代表性技术，但该技术的消毒效果并不显著，且杀菌率不高。间接杀菌是利用电解产物的化学作用杀菌，例如活性氯、强氧化性的活性基团，以及阳极生成的金属离子等进行杀菌，对大多数微生物如病毒、细菌等均有良好的处理效果。

3.2.7.2 技术应用

电化学消毒技术的消毒效果与多种因素相关。赵树理[24] 通过研究水中大肠杆菌的消毒效果，探明了操作条件对消毒的影响。实验证明电化学消毒系统中 NaCl 浓度为 0.01%时，消毒 15s 对大肠杆菌的对数去除率为 1.7log，当 NaCl 浓度上升至 0.05%和 0.1%时，消毒 15s 时大肠杆菌的对数去除率 5.2log 和 6.5log。与氯消毒相比，电化学消毒技术产生的电场的直接作用能导致细菌细胞膜分解或发生电穿孔现象，从而使自由氯进入细胞内部的能力大幅提升，使得在相同氯剂量下，电化学消毒效果要好于氯消毒。

Feng 等[25-26] 分别以钛尺寸稳定阳极（DSA）和硼掺杂金刚石（BDD）为电极，以澳大利亚墨尔本地区产生的径流雨水验证了电化学消毒技术在雨水消毒中的可行性，研究模拟雨水中 Cl^- 质量浓度仅为 9mg/L，在无外加 Cl^- 的条件下，电化学消毒体系可在预定时间内对病原微生物实现完全灭活，且消毒副产物低于当地饮用水标准的检出限。

3.2.7.3 适用范围

电化学消毒技术通过电解水产生具有强氧化性的活性基团，能够迅速破坏微生物体内的蛋白质和酶，从而达到消毒灭菌的目的。电化学消毒技术具有高效性、广谱性、设备紧凑、占地少、操作简单、成本低、自控程度高、易于控制等特点，因此比较适用于偏远地区村镇分散式的中小型水处理单元。虽然电化学消毒技术具有诸多优点，但在实际应用过程中可能会产生一些副产物，需要对其进行监测和控制，保障村民用水安全。

3.3 推荐处理工艺

3.3.1 微絮凝过滤-超滤-紫外消毒组合工艺

3.3.1.1 工艺净水机理

微絮凝过滤-超滤-紫外消毒组合工艺由三部分组成：混凝与过滤结合的微絮凝过滤、超滤膜深度处理和紫外消毒。

微絮凝过滤-超滤-紫外消毒组合工艺以超滤膜处理单元为核心，采用微絮凝过滤，将水体中的悬浮微粒、胶体相互碰撞形成的微絮凝体截留在滤层上，微絮凝滤层出水通过超滤处理单元进一步截留水中悬浮物和细菌微生物。超滤单元对浊度、细菌总数以及总大肠菌群数等有非常好的去除效果[27]，但是由于超滤膜属于中孔膜，主要通过截留作用去除大分子物质，其原水中有机物的分子质量分布对截留效果影响明显，因此超滤对UV_{254}、高锰酸盐指数的去除率较低[28]。采用微絮凝过滤作为其预处理工艺，可以提高对有机物的去除能力，同时明显延长膜使用寿命[29]。将微絮凝与超滤结合，在提高对有机物的去除率的同时，可进一步保证微生物等的去除，同时提高了对集雨水的处理效果，保障了饮用水品质。最后出水经紫外线消毒，进一步灭杀水中微生物，使出水水质符合《生活饮用水卫生标准》（GB 5749—2022）的浓度限值要求。微絮凝过滤-超滤-紫外消毒组合工艺流程如图3.5所示。

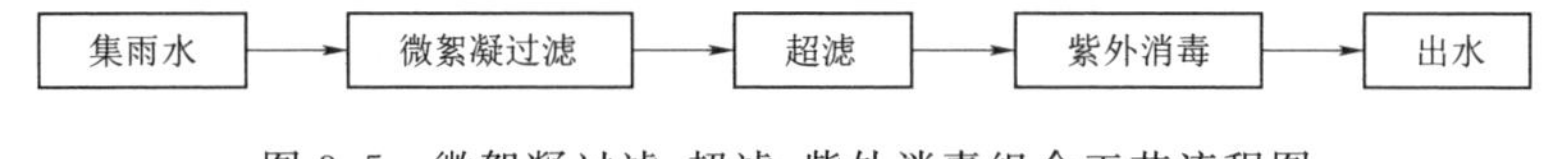

图3.5 微絮凝过滤-超滤-紫外消毒组合工艺流程图

3.3.1.2 工艺适用水质

微絮凝过滤-超滤-紫外消毒组合工艺对浊度、色度、微生物等处理效果好，具有占地面积小、运行周期短、投资运行费用低、出水品质及稳定性较高等优点，适用于处理类似于地表水Ⅱ类水质的集雨窖水或低温低浊水。该工艺的适用水质为：浊度小于25NTU，色度小于25度。

3.3.1.3 工艺运行效果

兰州交通大学黄河上游水环境创新团队对微絮凝过滤-超滤-紫外消毒组合工艺开展了试验研究。研究结果表明：微絮凝过滤-超滤-紫外消毒组合工艺对高锰酸盐指数的去除率为57.87%、氨氮的去除率为46.67%，出水浊度基本稳定在0.32NTU，无菌落被检出（表3.8）。

表3.8 微絮凝过滤-超滤-紫外消毒组合工艺对各污染物的去除率

指标	浊度	高锰酸盐指数	氨氮	菌落总数
进水	5.50NTU	3.56mg/L	0.15mg/L	2500CFU/mL
出水	0.32NTU	1.50mg/L	0.08mg/L	—
去除率/%	94.09	57.87	46.67	100

3.3.1.4 工艺前景分析

超滤膜处理技术因其对原水的适应能力比常规工艺强，能有效去除胶体、悬浮物、细菌、病毒等，可应用于集雨窖水的深度处理，在集雨水处理中占有举足轻重的地位。但超滤对氨氮、小分子有机物、小分子天然有机物处理能力有限，且单独使用时，超滤膜容易受到污染，直接关系到超滤工艺的产水效率和运行成本，因而其应用于一般集雨水处理常需与预处理工艺联合使用[30-31]。在超滤膜前采用适当的预处理，不仅可以提高有机污染物的去除率，保证组合处理工艺出水水质，而且可以缓解膜污染，延长膜的使用寿命，降低运行成本[32]。当前国内外针对“预处理-超滤”组合工艺研究热点主要集中在“混凝-超滤”“微絮凝过滤-超滤”“粉末活性炭-超滤”等形式的组合工艺。研究表明微絮凝过滤-超滤联用工艺能够高效地去除一般集雨窖水中各种污染物质，节省混凝-沉淀工艺使用构筑物设施的基建费用，与集雨水处理具有良好的适配性，其最终出水水质稳定且水质品质较高，在一般集雨窖水处理领域的应用前景十分广阔。

3.3.2 三维电极生物慢滤-紫外消毒工艺

3.3.2.1 工艺净水机理

三维电极生物慢滤-紫外消毒工艺由三部分组成：直接电化学氧化和间接电化学氧化共同作用的三维电极[33-34]、慢滤和生物处理为一体的生物慢滤[35] 和紫外消毒单元。

三维电极是在传统二维电极间填充粒子材料，在电场的作用下，通过静电感应使填充的粒子材料表面带电成为第三极，填充的粒子电极材料与阴阳主电极构成了三维电极。三维电极与生物慢滤耦合技术可以在外电场的促进下，充分发挥电化学过程中产生的活性物质对微生物群体的刺激效应，通过电催化氧化还原作用、生物代谢作用、生物膜和填料的物理吸附作用，实现对污染物的高效去除。其三维粒子电极耦合区、多层滤料区构成的多介质生物慢滤，改善了传统生物慢滤出水水质稳定性差、易出现污染物穿透的问题，有效提高了对污染物的去除率，之后通过膜分离、紫外消毒净化工艺进一步提升出水水质，保障饮用水水质安全。

三维电极生物慢滤-紫外消毒工艺通过集成三维混合粒子电极电催化氧化、生物慢滤、紫外消毒技术，耦合利用各技术的作用，构成一个各部分具有协同作用的反应体系，强化了反应体系对目标水体中各类污染物的去除效果，达到高效去除污染物的目的。三维电极生物慢滤-紫外消毒工艺流程如图3.6所示。

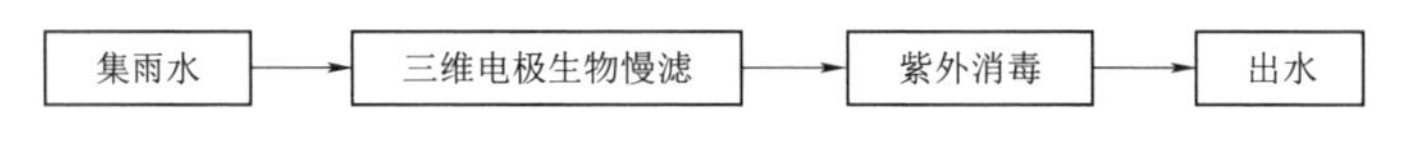

图3.6 三维电极生物慢滤-紫外消毒工艺流程图

3.3.2.2 工艺适用水质

三维电极生物慢滤-紫外消毒技术作为一种新型水处理技术，不仅综合了生物法和电催化氧化法的优势，能够高效去除水中的难降解有机污染物，而且反应器中的外加电场可以促进生物反应，大幅提高电流效率和处理效果，同时降低处理成本，有效拓宽了传统生物慢滤的适用水质范围。该组合工艺适合处理西北农村水质在《地表水环境质量标准》(GB 3838—2002) Ⅲ～Ⅳ类水质浓度限值范围的集雨水，其适用水质见表3.9。

表3.9　三维电极生物慢滤-紫外消毒工艺适用水质

指标	浊度/NTU	色度/度	高锰酸盐指数/(mg/L)	氨氮/(mg/L)
范围	≤50	≤50	≤7	≤1.5

3.3.2.3 工艺运行效果

工艺运行效果参考兰州交通大学黄河上游水环境创新团队相关试验研

究。实验结果表明：三维电极生物慢滤-紫外消毒工艺对浊度、高锰酸盐指数、氨氮、菌落总数去除率最高可达96.36%、68.65%、95.50%、99.13%（表3.10）。

表3.10 三维电极生物慢滤-紫外消毒工艺对各污染物的去除效率

指标	浊度	高锰酸盐指数	氨氮	菌落总数
进水	5.50NTU	4.53mg/L	0.66mg/L	2300CFU/mL
出水	0.20NTU	1.42mg/L	0.03mg/L	20CFU/mL
去除率/%	96.36	68.65	95.50	99.13

3.3.2.4 工艺前景分析

三维电极法是一种高效的电化学氧化技术，它可以综合利用阳极的直接氧化作用、阳极产生羟基自由基的间接氧化作用及阴极产生过氧化氢的间接氧化作用共同降解污染物。目前三维电极法的研究热点集中于电极材料的开发研究、电极结构及电化学反应器构型的研究、电催化氧化技术和其他技术的组合工艺研究[36]。目前，电生物耦合技术仍处在探索阶段，相关研究尚不成熟，其研究重点在于电生物反应器类型、极板的选择、影响因素、去除效果以及宏观生物效应和提升应用效率等方面。三维电极生物慢滤技术中存在电场微生物群体刺激效应，电场可提高微生物酶系统活性，促进微生物生长及其降解能力，难生物降解的有机污染物经过电化学作用可产生被微生物利用的中间体，使其对污染物具有较好的处理效果，可高效去除难降解有机污染物，有望成为一种被广泛应用的干旱地区集雨水处理技术。

3.3.3 无动力超滤-紫外消毒工艺

3.3.3.1 工艺净水机理

无动力超滤-紫外消毒工艺由两部分组成，即利用重力压差作为膜驱动力的无动力超滤和紫外消毒。

无动力超滤以水自重产生的跨膜压差驱动，无需外部动力即可持续运行。无动力超滤在稳定运行后，膜表面会生成生物滤饼层，这层滤饼层是无动力超滤拥有较高膜通量的关键[37]。在膜分离过程中，滤饼层中富集的微生物可通过生物降解、捕食等途径诱导滤饼层产生非均相的孔隙结构，使其出水通量保持长期恒定。Ding等[38] 用无动力超滤工艺处理雨水，发现水力可逆阻力在总阻力中占比较大，这说明通过常规的物理冲洗即可恢复系统膜通量。雨水中污垢层的生物活性较高，而胞外聚合物含量较低，这是导致通量较高的主要原因[39]。经无动力超滤处理后的水进入紫外消毒工艺流程，可提高水中微生物的去除效果，保证出水水质。无动力超滤-紫外消毒工艺流程如图3.7所示。

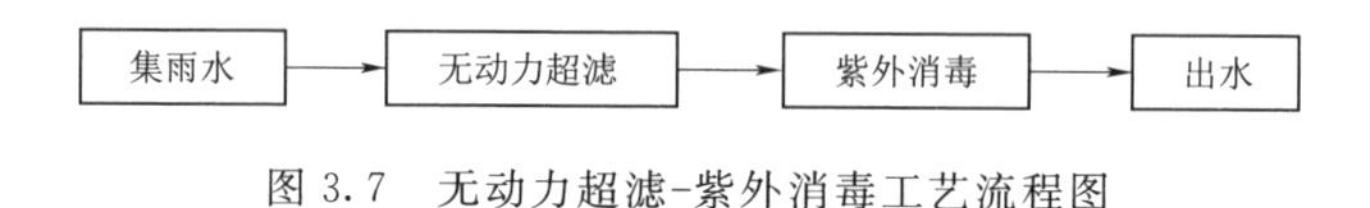

图3.7 无动力超滤-紫外消毒工艺流程图

3.3.3.2 工艺适用水质

在我国偏远、无法集中供水的干旱半干旱农村地区，原有的水处理工艺由于设备陈旧、维护不及时、出水水质不达标等原因，已无法满足当地的饮用水需求。因此，近年来，大部分水厂充分利用山区自然形成的地势差及膜池内设置的液位差，以重力驱动完成输水配水和膜过滤过程，实现无动力超滤技术的工艺优化，确立了组合无动力超滤和紫外消毒组合为一体的水源深度净化工艺，净化后的出水浊度、微生物浓度较低，经过紫外消毒后可达到《生活饮用水卫生标准》(GB 5749—2022)的要求。无动力超滤-紫外消毒工艺适用水质见表3.11。

表3.11 无动力超滤-紫外消毒工艺适用水质

指标	浊度/NTU	色度/度	高锰酸盐指数/(mg/L)	氨氮/(mg/L)
范围	≤15	≤50	≤4	≤0.5

3.3.3.3 工艺运行效果

山东建筑大学郑雨[12] 开展了采用重力流超滤技术处理西北村镇地区集雨水的研究。研究结果表明，在无动力条件下长期运行，无动力超滤技术具有低维护、低能耗、易操作等优点，重力流超滤对色度、高锰酸盐指数、氨氮、菌落总数的去除率分别达到81.8%、20%、67%、99.91%。浊度出水稳定在0.1NTU(表3.12)。无动力超滤240天长期运行条件下的通量变化特征以及对污染物的去除效能研究结果表明：无动力超滤装置通量稳定现象是普遍存在的，长期运行的无动力超滤装置启动期为 0～8 天，稳定期为 9～150 天，151～240 天处于下降阶段，10 天内膜通量可达到稳定状态，稳定后可运行时间最长可达 150 天，且每天平均通量达到 (8.85±0.74)L/(m^2·h)，出水浊度、色度、总有机碳和菌落总数的均值达到 0.14NTU、7 度、1.03mg/L 和 66CFU/mL，出水水质指标均达到《生活饮用水卫生标准》(GB 5749—2022) 的要求。

表 3.12　　无动力超滤-紫外消毒工艺对各污染物的去除效率

指标	浊度	色度	高锰酸盐指数	氨氮	菌落总数
进水	5.64NTU	38 度	2.80mg/L	0.17mg/L	2500CFU/mL
出水	0.1NTU	6.92 度	2.24mg/L	0.06mg/L	2.25CFU/mL
去除率/%	96.7	81.8	20	67	99.91

3.3.3.4　工艺前景分析

自 2009 年瑞士联邦水产科学技术研究所的研究人员提出以水重力产生的压差为驱动力的膜过滤理念，并开发出了重力流式膜过滤系统以来，无动力超滤-紫外消毒工艺已经得到了大量的研究[39]。该工艺以水的自身重力产生的压差为驱动力，出水通量可在长期运行过程中稳定在一定的范围，无需频繁反冲洗、物理清洗和化学清洗，具有操作简单、节能降耗、便于管理维护等特点。最初，该技术主要是为家庭饮用水处理而开发，目前其研究和应用已经扩大到灰水、雨水和废水的处理，以及海水脱盐的预处理[39]。与传统的超滤工艺相比，无动力超滤-紫外消毒系统最大的特点是能够在较长的运行时间内提供稳定的渗透通量。此外，由于无动力超滤-紫外消毒系统表面有着独特的生物生态系统，因此它还具有复杂的生物过程。自无动力超滤的概念提出以来，在揭示超滤膜上生物膜的生长形态和产生水流阻力机理的同时，对无动力超滤的去除性能、通量稳定性和膜污染的影响因素及机理方面也展开了广泛的研究[12]。目前，无动力超滤的研究热点主要集中在通量稳定性及膜污染机理方面，然而，无动力超滤产生稳定膜通量的机制尚不明确，如何维持和提高膜通量以及保证膜通量的稳定性是其未来发展的方向之一。无动力超滤-紫外消毒工艺包含常规超滤的技术特点，避免了其在集雨水处理上的应用缺陷，将其用于干旱半干旱地区集雨水处理具有广阔的前景。

3.3.4 混凝沉淀-精密过滤-微滤-紫外消毒组合工艺

3.3.4.1 工艺净水机理

混凝沉淀-精密过滤-微滤-紫外消毒组合工艺由四部分组成：混凝沉淀预处理、精密过滤处理、微滤处理和紫外线消毒。

混凝沉淀-精密过滤-微滤-紫外消毒组合工艺以微滤膜处理单元为核心，在絮凝沉淀单元使水体中的悬浮微粒、胶体形成絮凝体并进行沉淀，之后在精密过滤单元对微絮凝体进行过滤截留，并在微滤处理单元中进一步截留水中悬浮物和细菌微生物，可以将出水浊度控制在0.5NTU以下，具有处理效果稳定、操作简单等优点。此外，组合工艺采用的微滤膜为无机陶瓷膜，具有化学稳定性高、机械强度大的特点，在微滤膜发生堵塞后可通过擦洗使其恢复，具有操作简单、使用寿命长的优点。但是由于微滤膜主要通过截留作用去除某些大分子物质，其截留效果与原水中有机物的分子质量分布息息相关，因此微滤对UV_{254}、高锰酸盐指数的去除率较低。采用絮凝沉淀和精密过滤作为其预处理工艺，可以提高对有机物的去除能力，还可降低陶瓷膜清洗频率，延长膜的使用寿命。将絮凝沉淀、精密过滤与微滤结合，在提高对有机物去除率的同时，还可进一步保证微生物等的去除，大幅提高了处理效果。出水经紫外线消毒，进一步对水中微生物进行灭菌，出水水质符合《生活饮用水卫生标准》(GB 5749—2022)的要求。混凝沉淀-精密过滤-微滤-紫外消毒组合工艺流程如图3.8所示。

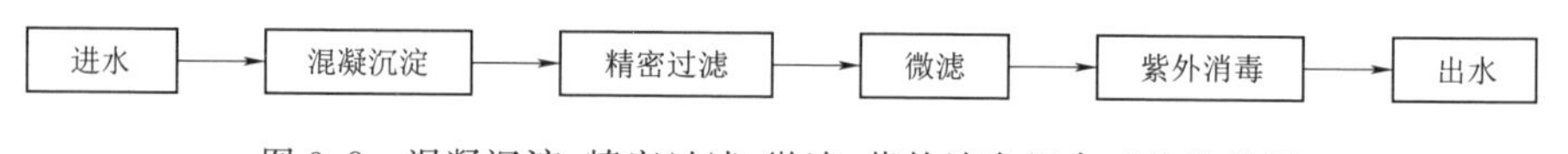

图3.8 混凝沉淀-精密过滤-微滤-紫外消毒组合工艺流程图

3.3.4.2 工艺适用水质

混凝沉淀-精密过滤-微滤-紫外消毒组合工艺对浊度、微生物等处理效果好，具有适用范围大、占地面积小、投资运行费用低、出水品质及稳定性较高等优点。适用于处理类似于《地表水环境质量标准》(GB 3838—2002) Ⅱ类水质的水体原水，该工艺的适用水质为浊度小于100NTU。

3.3.4.3 工艺运行效果

工艺运行效果根据兰州交通大学黄河上游水环境创新团队相关试验研

究。结果表明：集雨窖水浊度升高，可通过混凝沉淀快速降低出水浊度，为精密过滤以及微滤作预处理，大幅减轻后续工艺的处理负荷及受污染状况，进一步提升出水水质和延长设备材料使用周期。研究结果表明：混凝沉淀-精密过滤-微滤-紫外消毒组合工艺出水各项指标符合《生活饮用水卫生标准》（GB 5749—2022）的要求。混凝沉淀-精密过滤-微滤-紫外消毒组合工艺出水水质见表3.13。

表3.13　混凝沉淀-精密过滤-微滤-紫外消毒组合工艺出水水质

指标	浊度/NTU	高锰酸盐指数/(mg/L)	氨氮/(mg/L)	菌落总数/(CFU/mL)
数值	0.5	1.15	0.11	未检出

3.3.4.4 工艺前景分析

微滤膜处理技术对原水的适应能力比常规工艺强，可有效去除悬浮物、细菌、病毒及部分大尺寸胶体。此外，陶瓷微滤膜还具有操作简单、可重复使用、使用寿命长等优点，被广泛应用于小型家用饮用水的处理中。但微滤对氨氮、小分子有机物、天然有机物处理能力有限，且单独使用时微滤膜容易受到污染而堵塞，膜污染直接关系到微滤工艺的产水效率和运行成本，因而一般需与预处理工艺联合使用。在微滤膜前采用适当的预处理，不仅可以提高有机污染物的去除率，保证组合处理工艺出水水质，而且可以缓解膜污染，延长膜的使用寿命，降低运行成本。研究表明混凝沉淀-精密过滤-微滤-紫外消毒组合工艺不仅能够高效地去除一般水体中的各种污染物质，还实现了处理设施的小型化，与小型农村供水具有良好的适配性，最终出水水质稳定且品质较高，在农村供水方面的应用前景十分广阔。

3.4 应用示范1

3.4.1 示范点概况

微絮凝过滤-超滤集雨水净化示范点位于甘肃省庆阳市环县西川村，地处我国西北内陆干旱地区，海拔885～2082m，年降水量480～600mm。夏季多行东南风，冬季常刮西北风，夏季降水量较大，是典型的大陆性气候。该地区地表水资源匮乏、地下水位低，水资源可持续利用的局限性较大，与同纬度地区相比属于水资源匮乏地区。水资源可利用量仅为3400万 m^3，人均不足 $100m^3$，是全国平均水平的1/22，属极度干旱地[40-41]。受地理、气候条件限制，西川小学日常水源主要是两口水窖内收集的集雨水。均为混凝土材质，无单独水处理设备，集雨面为水泥地面，日供水量满足学校及附近村民200余人使用。雨水作为替代水源虽大幅缓解了饮用水短缺问题，但由于缺少必要的净水装置，村民直接饮用收集后的雨水，会导致腹泻、痢疾和伤寒等水源性疾病频发，对当地群众的身体健康构成严重威胁[42]。因此，针对干旱半干旱地区集雨窖水存在浊度、高锰酸盐指数和微生物超标等问题，兰州交通大学和天津膜天膜科技股份有限公司联合研发了微絮凝过滤-超滤集雨水净化设备，并已在示范点开展生产性试运行与应用。

3.4.2 设计规模与目标

(1) 设备设计产水水量：400L/h，可保障200人/天用水需求。

(2) 设备尺寸：长×宽×高为4200mm×800mm×1600mm。

(3) 设备产水水质：浊度小于1NTU；污染指数（SDI15）不大于3；细菌总数小于3CFU/mL，且其他各项指标满足《生活饮用水卫生标准》(GB 5749—2022) 的要求。

3.4.3 处理工艺研究

3.4.3.1 可行性分析

微絮凝过滤工艺是在滤池前投加絮凝剂，经快速搅拌，形成微絮体后直接进入滤池，同时完成反应、沉淀、过滤等过程，具有占地少、投资和运行费用低的优点。与传统过滤相比，微絮凝过滤能节省30%的基建投资和20%～50%的运行费用。超滤技术能够有效去除水中的悬浮物、胶体、细菌和病毒等大分子，随着膜成本降低、运行及管理水平的提高，超滤技术在农村地区的应用和推广具有一定的经济和技术可行性。微絮凝过滤和超滤组合工艺保障了以集雨水为水源的农村地区村民的饮用水安全。

3.4.3.2 处理工艺流程

微絮凝过滤-超滤集雨水净化设备的工艺流程为在原水箱投加絮凝剂PAC，在石英砂滤柱中进行微絮凝过滤，去除水中的胶体类物质和部分的高锰酸盐指数、微生物，滤柱出水经保安过滤器处理后进入超滤膜单元，进一步去除水中的浊度、高锰酸盐指数、微生物后储存在清水箱中，在清水箱安装紫外消毒灯，通过紫外消毒进一步灭杀细菌等微生物，保证出水水质各项指标达到《生活饮用水卫生标准》（GB 5749—2022）的要求，保障村民饮水安全。微絮凝过滤-超滤集雨水净化设备流程图和操作页面如图3.9和图3.10所示，设备示范工程设备现场装置如图3.11所示。

3.4.3.3　工艺参数优化

1. 聚合氯化铝最佳投加量优化

以PAC为混凝剂，考察不同混凝剂投加量对窖水中污染物的去除效果，结果如图3.12所示。从图3.12可知，PAC投加量从5mg/L增加到30mg/L时，浊度、高锰酸盐指数、UV_{254}的去除率均提升，当PAC投加量为30mg/L时，浊度、高锰酸盐指数和UV_{254}的去除率达到最佳，分别为96.30%、45.48%和44.32%。继续增加PAC投加量，高锰酸盐指数和UV_{254}的去除率略有下降。高锰酸盐指数、UV_{254}的去除效果在PAC投加量大于10mg/L后快速升高，在投加量为15mg/L时，浊度、高锰酸盐指数和UV_{254}的去除率分别达到89%、38.36%和33.61%，在PAC投加量大于15mg/L后趋于缓慢提升。PAC投加量增加后，水中带正电的聚合铝离子增多，与胶体表面的负电荷发生电性中和反应，使胶体表面电位降低，双电层边变薄，此时胶体颗粒之间相互排斥的作用减弱，胶体在相互碰撞的过程中开始凝聚到一起并伴随着一定的吸附架桥作用。增加PAC投加量，有利于胶体之间絮凝脱稳，增加水中絮体体积。水中絮体体积变大，絮体沉降速度加快，此时$Al(OH)_3$的网捕卷扫作用也得到加强。在投加量从5mg/L上升到30mg/L的过程中，水中的有机物逐渐降低。若继续增加投加量，胶体表面又由于吸附过多的铝离子而带正电，胶体表面电性发生改变，胶体之间开始重新稳定，削弱了絮凝作用。分析图3.12（d）可知，随着PAC投量的增加，Zeta电位的绝对值走势为先减小后增大，在PAC投加量为30mg/L时，Zeta电位的绝对值由原水的14.3mV变为8.09mV，此时Zeta电位的绝对值达到最小，最有利于絮凝，分析认为随着PAC投加量的增加，絮凝剂提供的正电荷增多，与胶粒表面负电荷的中和作用增强，从而使Zeta电位的绝对值降低，絮凝效果增强。综合考虑经济因素及后续微絮凝过滤的絮体大小与效果，PAC的最佳投加量为15mg/L。

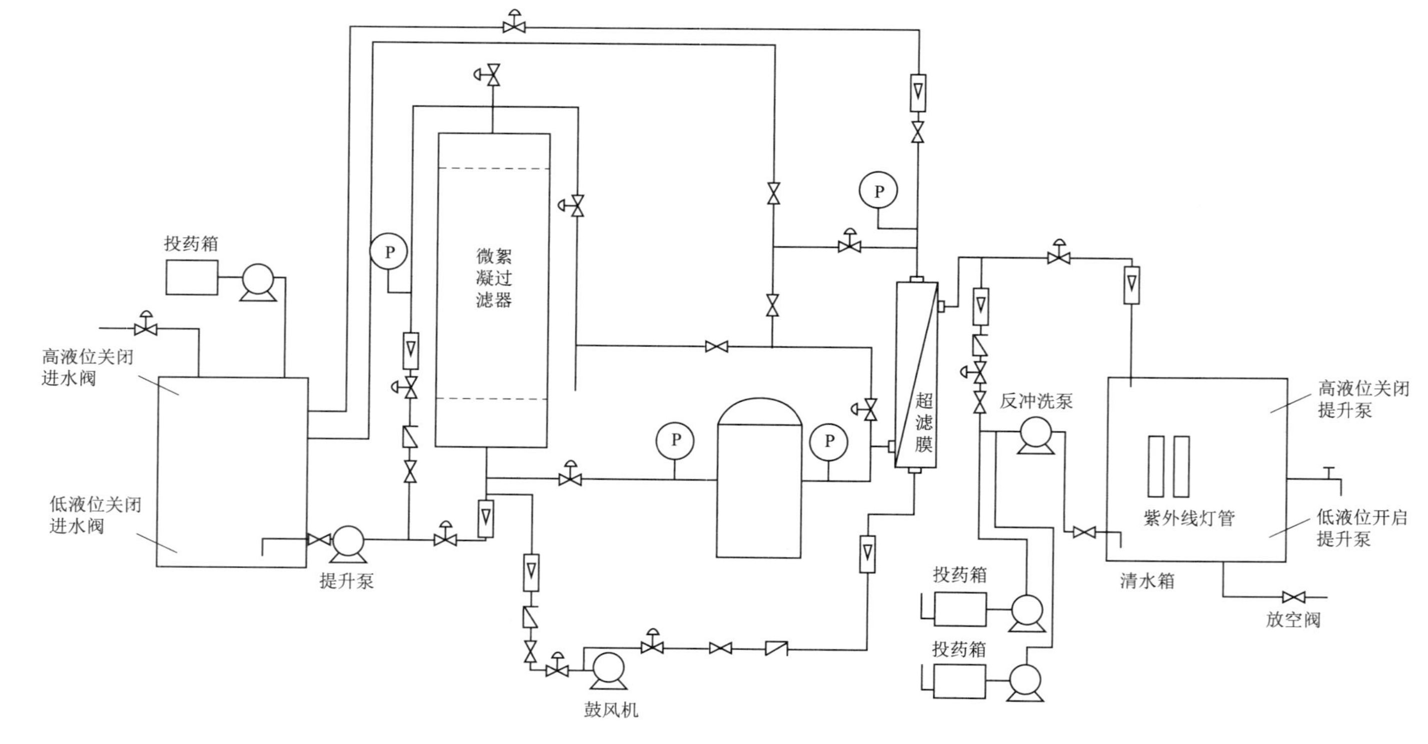

图 3.9 微絮凝过滤-超滤集雨水净化设备流程图

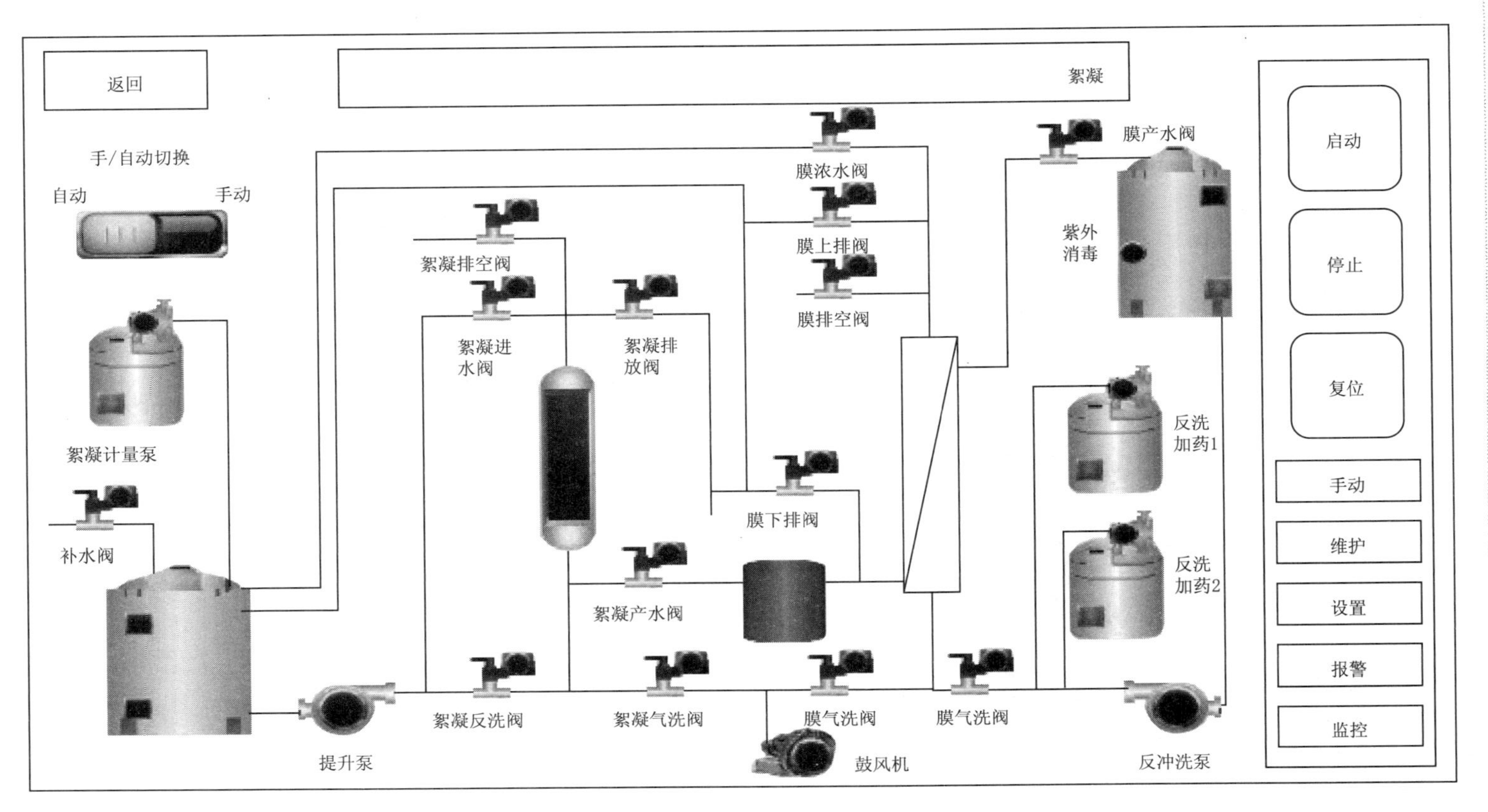

图 3.10 微絮凝过滤-超滤集雨水净化设备操作页面

图3.11 微絮凝过滤-超滤集雨水净化示范工程设备现场装置图

PAC投加量为15mg/L时，对搅拌时间进行优化，结果如图3.13（a）所示。分析可知，在搅拌4min时，絮体平均粒径为46.4775μm；在搅拌16min时，絮体粒径达到最大，絮体平均粒径为1370μm。随着搅拌的继续，絮体粒径开始缓慢减小，至32min时，絮体粒径为1125μm。在絮凝过程中，当搅拌时间不足时，因絮凝剂分散程度低，形成的絮体结构不稳定，颗粒间无法进行有效碰撞，从而导致絮凝速度慢、絮体粒径小。当搅拌时间过长时，由于絮体极易破碎，破碎后，絮体粒径变小。如图3.13（b）所示，随

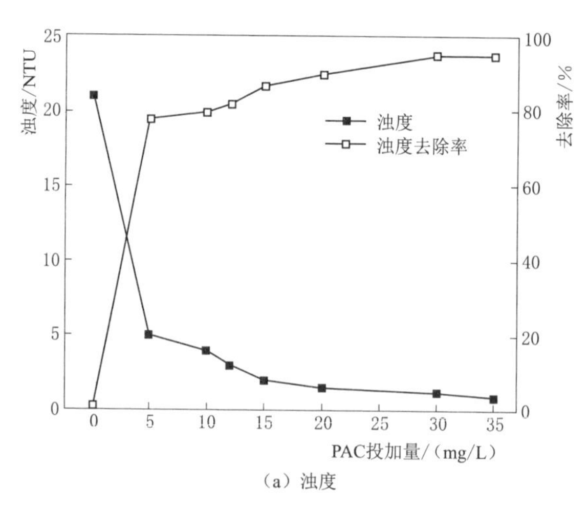

（a）浊度

图3.12（一） 不同混凝剂投加量对窖水中污染物的去除效果

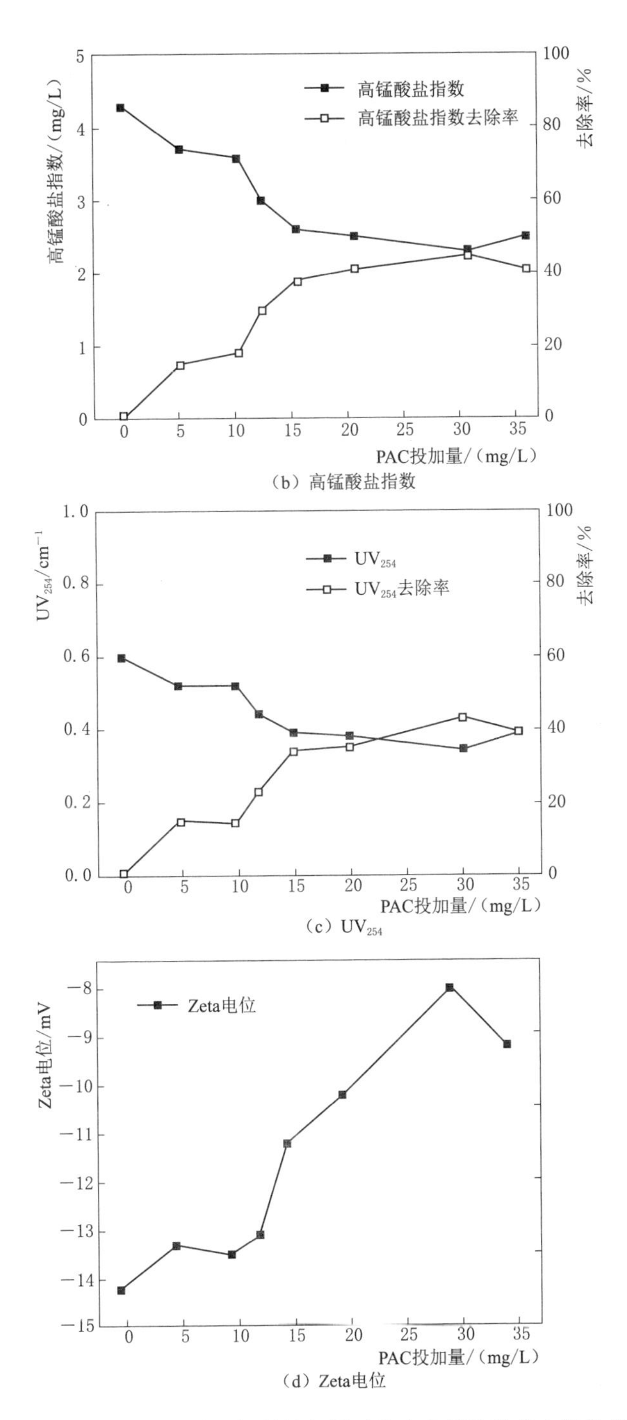

图3.12(二) 不同混凝剂投加量对窖水中污染物的去除效果

着搅拌时间的增加，浊度的去除率先快速上升后趋于平缓，20min后又快速上升；高锰酸盐指数的去除率则是先快速上升，搅拌10min后趋于平缓；UV_{254}的去除率则一直较为平缓。在搅拌至32min时，即快速搅拌2min、慢速搅拌30min后，浊度、高锰酸盐指数、UV_{254}的去除率达到最高，分别为87.84%、29.55%、29.63%。考虑微絮凝过滤期间的絮体大小需保持在30～50μm，则选取最佳絮凝时间为5min，此时浊度、高锰酸盐指数、UV_{254}的去除率分别为66.4%、12.25%、17.59%。综合分析，絮凝剂最佳投加量为15mg/L，最佳絮凝时间为5min。

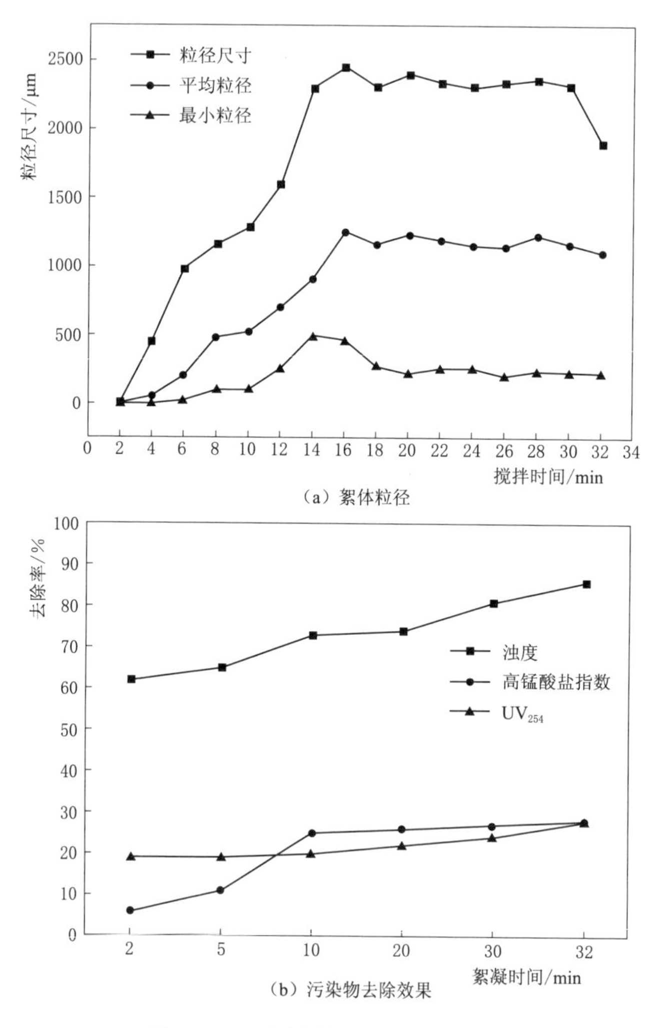

图3.13 不同搅拌时间的絮凝效果

2. 微絮凝过滤器运行参数优化

在现场试验中分别设置了2m/h、3m/h、4m/h、5m/h、6m/h、7m/h和8m/h的滤速，设备对浊度的去除效果如图3.14（a）所示。当过滤速度由2m/h增加到8m/h时，微絮凝过滤对浊度的去除效果逐渐减小。滤速越低则产水效率越低，为了能够在实际运行中既满足用水水量，又满足用水水质，且考虑到水质安全性及产水的实际情况，现场设备的滤速定为4m/h。

运行周期为24h时，反冲洗时长为30min，在冲洗时间达到5min时，冲洗废水的浊度最高，为79.5NTU；运行周期为12h时，反冲洗时长达

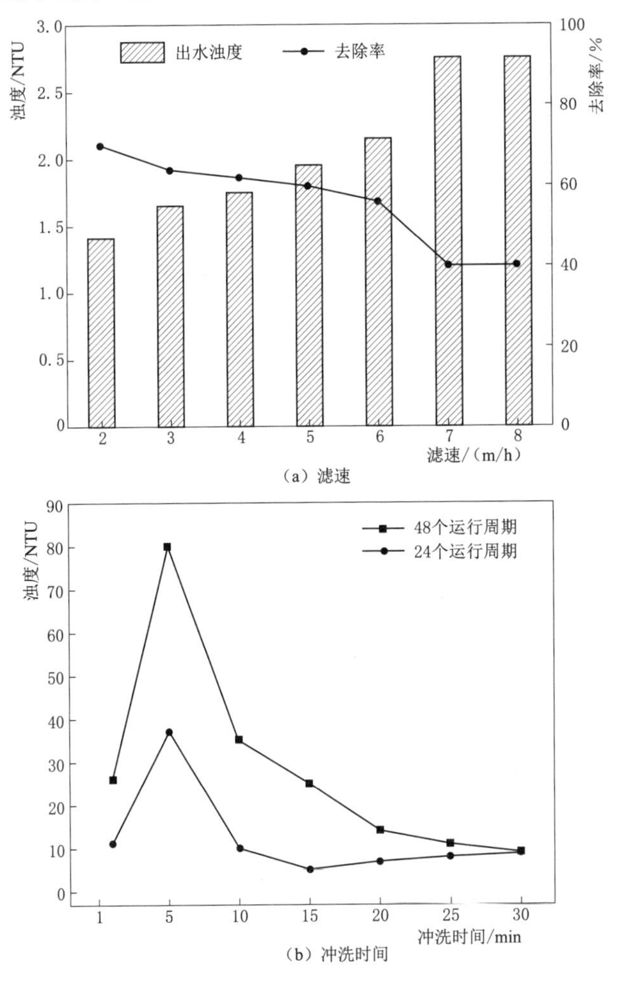

图3.14 微絮凝过滤器运行参数

15min，冲洗废水的浊度不变，在冲洗时间达到5min时，冲洗废水的浊度最高，为35.8NTU。如图3.14（b）所示，根据现场情况，将微絮凝过滤周期定为12h，反冲洗时间定为15min。

3. 超滤运行参数优化

超滤运行时间对浊度的影响见图3.15（a）。当运行时间由10min增加至90min时，超滤对浊度的去除效果有所下降；当运行时间超过30min后，超滤对浊度的去除效果下降明显；当运行时间为90min时，浊度去除率由66.67%下降至45.45%。综合设备使用寿命以及处理水的水质安全考虑，过滤周期定为30min，此时出水浊度为0.4NTU。

超滤运行一个周期后需进行反冲洗，优先确定反洗强度，通过测定20～50s反洗水的浊度，从而确定超滤反冲洗气洗时间。从图3.15（b）可知，随着气洗时间的增加，气洗废水浊度逐渐升高。当气洗时间在30s时，气洗废水浊度升高得最快；当反洗时间在50s时，气洗废水浊度达到最高，为13NTU，因此将气洗时间确定为50s。当气洗结束后，装置开始气水反冲洗。通过测定20～50s气水冲洗废水的浊度，确定气水冲洗时间，如图3.15（c）所示，反洗水浊度由14.9NTU降低为3.7NTU，因此将超滤的反洗时间确定为气洗和气水洗各50s。

3.4.3.4 实际处理效果

微絮凝过滤-超滤集雨水净化设备已在甘肃省庆阳市环县环城镇西川村西川小学建成集中式示范工程并开展生产性试运行与应用。装置已在当地稳定运行6个月，长期监测的微絮凝过滤-超滤-紫外消毒装置的进、出水特征污染物浓度的历时变化情况见表3.14和图3.16。原水高锰酸盐指数的浓度为2.601mg/L，原水经过微絮凝过滤单元处理后，对高锰酸盐指数的去除率为49.50%，经过超滤过滤后，对高酸盐指数的去除率为54.56%。原水浊度的浓度为5.2NTU，原水经过微絮凝过滤后，对浊度的去除率为73.08%，此时浊度已得到大幅降低，超滤进一步处理后，对浊度的去除率达到92.31%。原水中氨氮的浓度为0.153mg/L，原水经过微絮凝过滤后，对氨氮的去除率为20.81%，超滤对氨氮进行去除后，对氨氮的去除率达到25.94%。通过对浊度、高锰酸盐指数、氨氮、细菌总数为期6个月运行过程的检测，表明微絮凝过滤-超滤深度处理技术可有

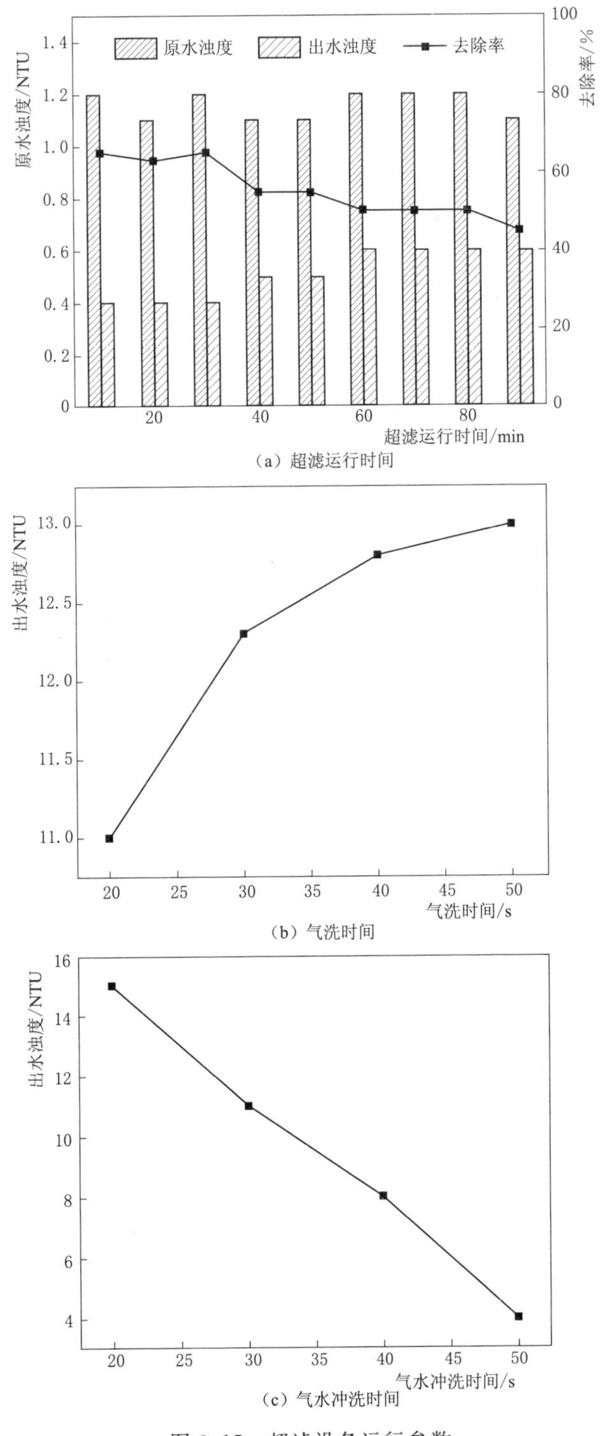

(a) 超滤运行时间

(b) 气洗时间

(c) 气水冲洗时间

图 3.15 超滤设备运行参数

效去除集雨水中的特征污染物，出水水质稳定，符合《生活饮用水卫生标准》(GB 5749—2022) 的要求。

表 3.14　　微絮凝过滤-超滤-紫外消毒装置运行效果

处理单元	浊度	高锰酸盐指数	氨氮
原水	5.2NTU	2.601mg/L	0.153mg/L
微絮凝过滤出水	1.4NTU	1.287mg/L	0.1212mg/L
去除率	73.08%	49.50%	20.81%
超滤出水	0.4NTU	1.1814mg/L	0.1133mg/L
总去除率	92.31%	54.56%	25.94%

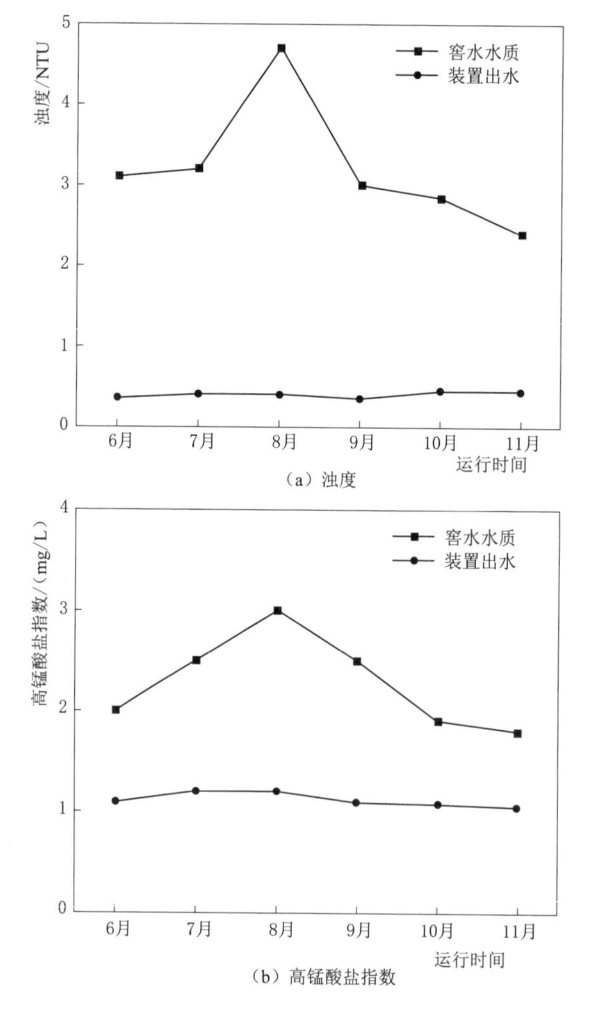

(a) 浊度

(b) 高锰酸盐指数

图 3.16 (一)　微絮凝过滤-超滤-紫外消毒设备 6 个月运行效果

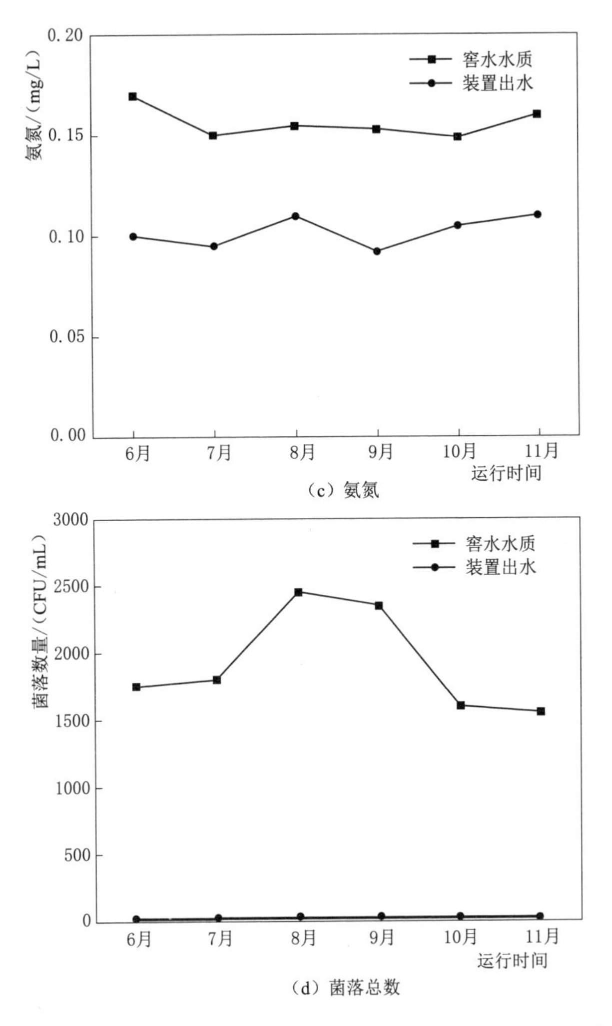

(c) 氨氮

(d) 菌落总数

图3.16(二) 微絮凝过滤-超滤-紫外消毒设备6个月运行效果

为保证水质安全性以及检验结果的客观性，将西川小学示范点水样送至第三方检测公司进行检验。检测项目为总大肠菌群、菌落总数、高锰酸盐指数（以 O_2 计）、铬（六价）、色度、浑浊度与铝等共计27项水质指标，检测结果均符合《生活饮用水卫生标准》（GB 5749—2022）指标浓度限值要求，保障了西川村示范点村民饮水需求与安全。西川小学水质检验报告见表3.15。

3.4.4 处理成本分析

微絮凝过滤-超滤-紫外消毒设备由兰州交通大学研制，委托天津膜天

表 3.15　　西川小学水质检验报告

序号	检测项目	单位	检出限	标准限值	检测结果	单项结论
1	铬（六价）	mg/L	0.004	≤0.05	未检出	符合
2	色度	度	5	≤15	未检出	符合
3	浑浊度	NTU	0.5	≤1	未检出	符合
4	铝	mg/L	0.0006	≤0.2	0.0021	符合
5	高锰酸盐指数（以 O_2 计）	mg/L	0.05	≤3	0.56	符合
6	溶解性总固体	mg/L	—	≤1000	254	符合
7	总硬度（以 $CaCO_3$ 计）	mg/L	1.0	≤450	126	符合
8	氨氮（以 N 计）	mg/L	0.07	≤0.5	未检出	符合
9	砷	mg/L	0.00009	≤0.01	0.00309	符合
10	镉	mg/L	0.00006	≤0.005	未检出	符合
11	铅	mg/L	0.00007	≤0.01	未检出	符合
12	汞	mg/L	0.00007	≤0.001	未检出	符合
13	硒	mg/L	0.00009	≤0.01	未检出	符合
14	氰化物	mg/L	0.002	≤0.05	未检出	符合
15	氟化物	mg/L	0.1	≤1.0	0.526	符合
16	硝酸盐（以 N 计）	mg/L	0.15	≤10	0.516	符合
17	pH	无量纲	—	6.5～8.5	7.65	符合
18	铁	mg/L	0.0009	≤0.3	0.11	符合
19	锰	mg/L	0.00006	≤0.1	0.053	符合
20	铜	mg/L	0.00009	≤1.0	0.000756	符合
21	锌	mg/L	0.0008	≤1.0	0.0014	符合
22	氯化物	mg/L	0.15	≤250	3.06	符合
23	硫酸盐	mg/L	0.75	≤10	7.44	符合
24	挥发酚类（以苯酚计）	mg/L	0.002	≤0.002	未检出	符合
25	阴离子合成洗涤剂	mg/L	0.050	≤0.3	未检出	符合

续表

序号	检测项目	单位	检出限	标准限值	检测结果	单项结论
26	总大肠菌群	MPN/100mL	—	不得检出	未检出	符合
27	菌落总数	CFU/mL	—	≤100	未检出	符合

注 “未检出”表示检测结果低于方法检出限。

膜科技股份有限公司制作。

微絮凝过滤-超滤-紫外消毒设备运行成本主要为用电产生的费用（表3.16）以及超滤耗材及加药费用（表3.17）。当地电费为0.5元/(kW·h)，费用计算按照设计产水量10m^3/天计，分项换算用电时间、耗电量，紫外消毒灯1h开启2min，超滤每运行30min进行反冲洗100s，即每日需要反冲洗1h，其中反洗泵运行时间为0.67h。

表3.16　设备用电费用

序号	名称	规格型号	数量	用电时间/h	耗电量/(kW·h)	日费用/元
1	提升泵	BWI1-4；0.5～1m^3/h；35m；220V；370W	1	22.5	8.325	4.16
2	空压机	DP60 A；24V；540L/min；0.7MPa；220V；550W	1	1.5	0.825	0.41
3	紫外消毒灯	40W	1	0.8	0.032	0.02
4	超滤反洗泵	BWI1-2；1m^3/h；250W；220V	1	0.67	0.1675	0.08
总计						4.67

由表3.16分析可知，设备用电费用为4.67元/天，产水量为10t/天，产水电费为0.467元/t。

超滤系统需要定期更换超滤膜以及保安过滤器中PP棉，其中超滤膜每3年更换一次，PP棉每半年更换一次，2% PAC溶液加药量为10mg/L，详见表3.17。

由表3.17分析可知，示范设备的滤膜耗材和加药费用为0.55元/天，产水量为10t/天，水运行费用为0.055元/t。

总制水成本为0.467+0.055=0.522元/t。

表3.17 超滤耗材及加药费用

序号	名称	使用年限/年	使用量	价格/元	年费用/元	日费用/元
1	超滤膜	3	1支	240	80	0.22
2	PP棉	0.5	3支	25.5(8.5元/支)	51	0.13
3	PAC	—	10mg/L	2元/kg	73	0.20
总计						0.55

3.4.5 运行管理维护

3.4.5.1 运行前准备

(1)设备运行前将设备排放口连接至地沟或排水管道,连接进水管路及产水管路。

(2)接通设备电源,交流电压220V,必须有地线。

(3)添加杀菌剂(10%)及清洗剂至相应的加药箱内。

(4)设备各个管路安装完毕、电源接通后,在手动模式下操作。首先冲洗过滤器,在排放口观察排放水清澈,无明显污染物为止;然后,排放超滤膜组件中的保护液,在手动模式下反复冲洗膜组件,建议反复执行冲洗、浸泡、排放、冲洗步骤,直至将膜组件冲洗干净为止。

(5)清洗原水箱、产水箱等。

3.4.5.2 运行管理

设备自动运行过程中,如遇故障等问题,设备将自动开启报警,此时需人工进行设备检查,修复故障。

3.4.5.3 设备停机与长时间停机时的维护

(1)如果装置需关停,如短期停用(2~3天),可每天运行30~60min或每天进行一次单独的反洗步骤,以防止细菌污染。

(2)组件如长期停用(7天以上),关停前对超滤系统进行3~8次气擦洗,并进行一次完整的反洗步骤,如膜污染比较严重,建议停机反洗前进行一次完整的化学清洗并向装置内注入保护液(0.5%~1%亚硫酸氢钠溶液),关闭所有的超滤系统的进出口阀门。每月检查一次保护液的pH值,如pH值≤3时应及时更换保护液。微絮凝系统排空,所有加药箱和水箱排空。

(3) 长时间关停后重新投入运行时，微絮凝过滤器需进行正冲洗和反冲洗，直至系统出水清澈；超滤系统需进行连续冲洗至排放水无泡沫。

(4) 停机期间，应始终保持超滤膜处于湿态，一旦脱水变干，将会造成膜组件不可逆损坏。

注意：在准备装置长时间停机过程中，控制柜输出电源必须关闭，并且输入电源也应处于关闭状态。

3.4.5.4 设备的定期维护

设备零部件需定期校准维护，检查设备是否存在泄漏问题。记录设备产水流量、运行压力等参数。压力过大或产水流量变小需手动进行冲洗或更换。

3.5 应用示范 2

3.5.1 示范点概况

无动力超滤-紫外消毒集雨水净化装置的现场应用地区为我国甘肃省庆阳市环县环城镇，该地区属大陆性温带半干旱季风气候，年平均降水量仅为 428.8mm，年平均蒸发量高达 1640.1mm。环县环城镇地区干湿季节较为分明，降雨时空分布极为不均，夏、秋两季降雨量占全年的 80%～90%。由于该地区位于黄土高原，水土流失极为严重，环县附近地区的地表河流泥沙含量较大，难以作为饮用水水源。目前，环县县城及部分村镇地区已通自来水，但由于大多数村庄均位于海拔 1200～1500m 的山顶，因此自来水供水极为不稳定。西川村是甘肃省庆阳市环县环城镇下辖的行政村，同时也是利用集雨窖水作为饮用水的典型村庄，全村共 8 个组，目前仅有 2 个组能够获得集中供水，其他组由于所处地势较高、居住地更为分散，目前仍以集雨窖水为主要的饮用水水源。根据现场考察和与当地相关领导交流情况，共选择 16 户长期使用集雨窖水且难以获得集中供水的农户作为无动力超滤-紫外消毒雨水净化装置的安置点，其分布情况如图 3.17 所示。

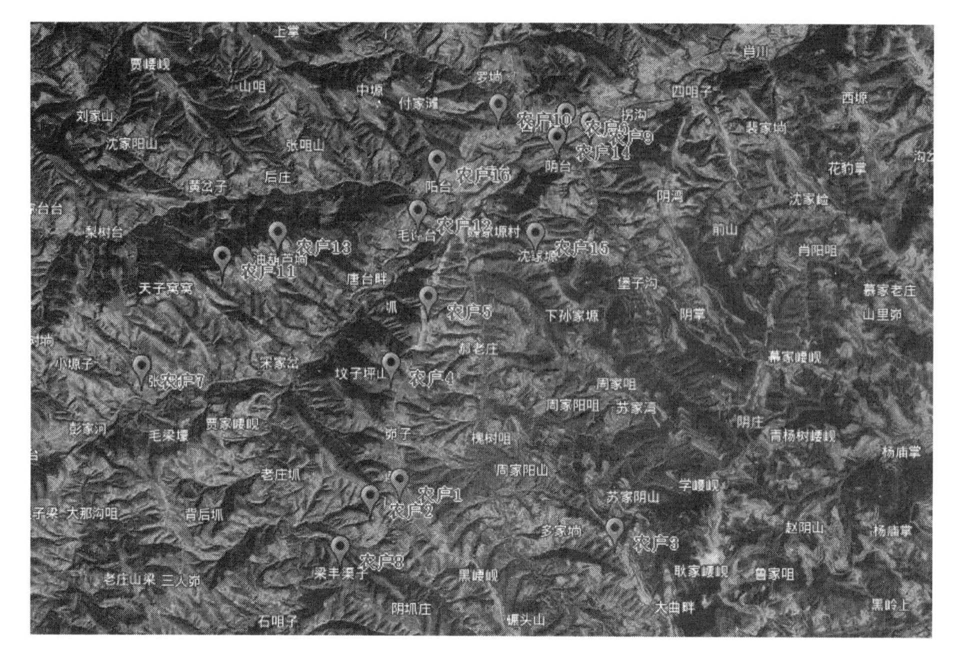

图 3.17 无动力超滤-紫外消毒雨水净化装置分布图

3.5.2 设计规模与目标

针对常规雨水超滤技术能耗高、维护频繁和微生物指标难以长期达标等问题，开发了低能耗、低维护的无动力超滤-紫外消毒雨水净化技术，并形成了相应的现场示范装置（图 3.18）。

1. 设备尺寸

该装置主要部件包括原水桶和清水桶，其中原水桶直径 343mm，高 400mm，用于盛放集雨窖水，经原水桶中的聚偏氟乙烯（PVDF）中空纤维膜组件（装填密度 $800m^2/m^3$，膜孔径 20nm，最大截留分子量 150kDa，膜丝长度 300mm）过滤后进入清水桶（直径 340mm，高 450mm）。无动力超滤-紫外消毒雨水净化装置整体体积仅有 $0.105m^3$，占地面积仅为 $0.091m^2$。

2. 设备设计产水水量

装置间歇运行条件下最大处理规模可达 20L/h。

3. 设备产水水质

出水水质可完全满足我国《生活饮用水卫生标准》（GB 5749—2022）的要求。

图 3.18 无动力超滤-紫外消毒雨水净化装置示意图

3.5.3 处理工艺研究

3.5.3.1 可行性分析

我国西北偏远村镇地区普遍存在集中供水不足、净水装置紧缺和集雨窖水水质不达标等问题，部分农户家中原有的集雨窖水净化装置由于难以自行维护、滤芯更换较贵及产水率不足，已被长期弃用，导致该地区饮用水安全存在较大隐患。本书的研究团队试验结果表明，以平板膜和中空纤维膜为核心的无动力超滤系统对我国西北村镇地区集雨窖水中的特征污染物，包括浊度、色度和微生物均具有良好的处理效果。但在出水通量方面，采用中空纤维膜的无动力超滤系统具有更高的稳定通量，产水速率更快。同时，与平板膜相比，中空纤维膜占用空间更小、同休积下膜面积更大、清洗维护更加方便简单。因此，针对上述问题，以中空纤维膜为核心的无动力超滤雨水净化工艺在农村地区的应用和推广具有一定的经济性和技术可行性。

3.5.3.2 处理工艺流程

设备现场装置（图3.19）由储水池、膜池和膜组件三部分组成，其核心膜组件位于膜池的底部（图3.20），采用聚偏氟乙烯（PVDF）中空纤维膜丝，平均孔径为30nm，最大截留分子量为150kDa，膜面积为0.14m²。上方膜池的侧壁设有浮球阀，用于维持膜池水位恒定，进而保证恒定的跨膜压差。在重力驱动下，原水直接从储水池进入膜池，后经中空纤维膜组件过滤至储水桶中。装置采用连续流模式，在固定水头下运行，跨膜压保持在6kPa。膜池出水口设有流量计，用于精确分析膜通量和膜阻力。

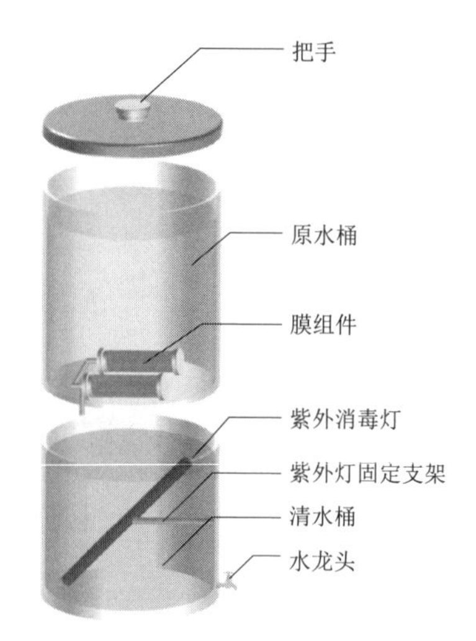

图3.19 无动力超滤-紫外消毒雨水净化装置结构示意图及现场装置图

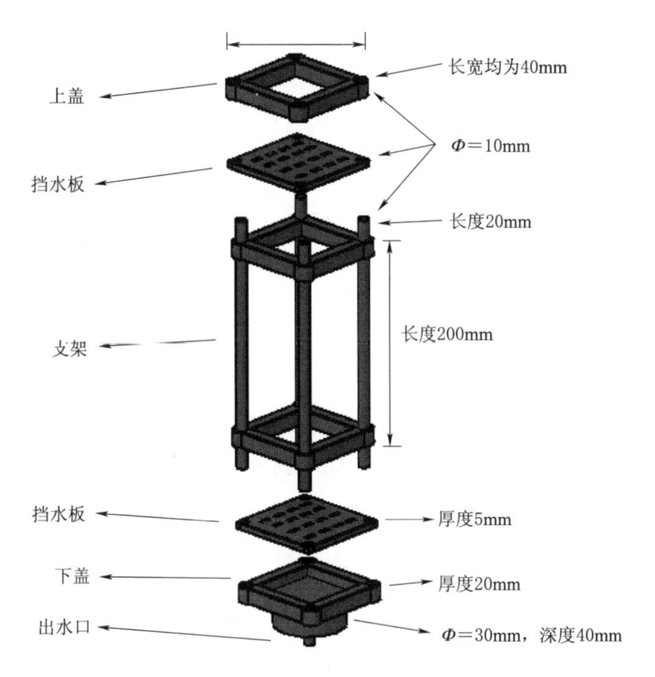

图 3.20 超滤膜膜组件示意图

无动力超滤工艺小试装置运行时间为240天，用于评估整套工艺在长期无清洗、无维护条件下的最大运行潜力。根据我国西北村镇地区集雨窖水的水质特征，在实验室开展小试试验，原水为地下储水模块长期存储的雨水，通过稀释、添加高岭土等方式使其进水水质指标接近实际水样，并使进水水质稳定在一定范围，各项水质指标见表3.18。

表 3.18　　模拟雨水水质指标

水质指标	单　位	浓　度
浊度	NTU	2.35～6.96
色度	度	35～50
温度	℃	19.04～23.77
总菌落数	CFU/mL	1800～20000
pII	无量纲	6.39～7.30
溶解氧	mg/L	4.59～7.35
EC	mS/cm^{-1}	99～309
总有机碳	mg/L	1.19～9.71

3.5.3.3 工艺参数优化

1. 无动力超滤长期运行条件下通量和膜阻力变化特征

无动力超滤雨水净化工艺小试装置长期运行的通量及膜阻力变化规律如图 3.21 所示。根据其出水通量及膜阻力变化规律可将无动力超滤工艺的运行过程划分为 3 个阶段，即启动期（0～8 天）、稳定期（9～150 天）和下降期（151～240 天）[图 3.21（a）]。在运行启动阶段，出水通量的下降速率较快，在 8 天内由最初的 38.46L/(m^2·h）下降至 8.33L/(m^2·h)，这是由于原水中的微生物、悬浮颗粒、胶体和大分子有机物等污染物在膜孔筛分作用下，被拦截在膜表面，大量积聚后形成致密、平整的滤饼层，导致通量迅速降低。而在稳定期，膜丝表面滤饼层中微生物量逐渐增多，滤饼层中部分累积的污染物可被微生物驱动的捕食、分解、降解等过程去除，使滤饼层变得粗糙、疏松，并在其内部形成孔隙结构 [图 3.21（d）]，故滤饼层对水流的阻力降低。因此，当膜丝表面非溶解性污染物沉积产生的阻力与微生物诱导形成孔隙结构释放的阻力达到平衡时，膜通量可达到稳定状态。在本书中，出水通量在运行第 9 天后逐渐趋于稳定，并在 150 天内保持在（8.95±0.69)L/(m^2·h）[图 3.21（b)]。随着运行时间的增加，装置的出水通量在 150 天后出现逐渐降低并达到二次稳定的趋势，至 240 天运行结束时，整个下降期平均出水通量为 5.79L/(m^2·h)，显著低于稳定期通量水平（p=0.024），降幅达 35.3%。

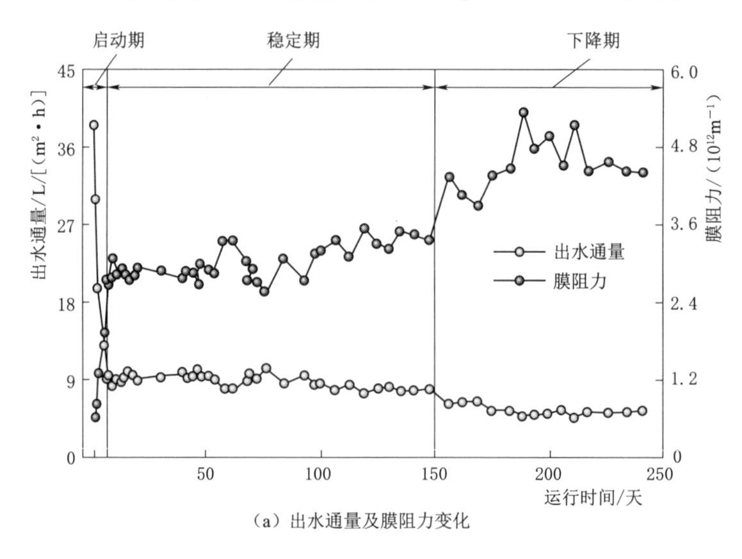

（a）出水通量及膜阻力变化

图 3.21（一） 无动力超滤雨水净化工艺小试装置长期运行情况

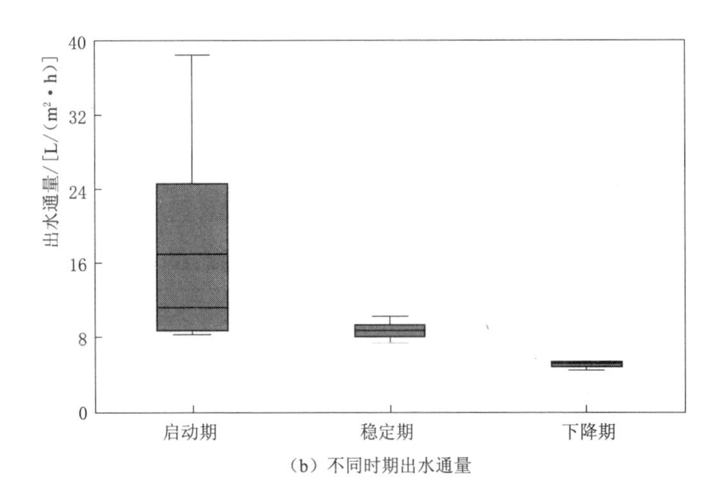

(b)不同时期出水通量

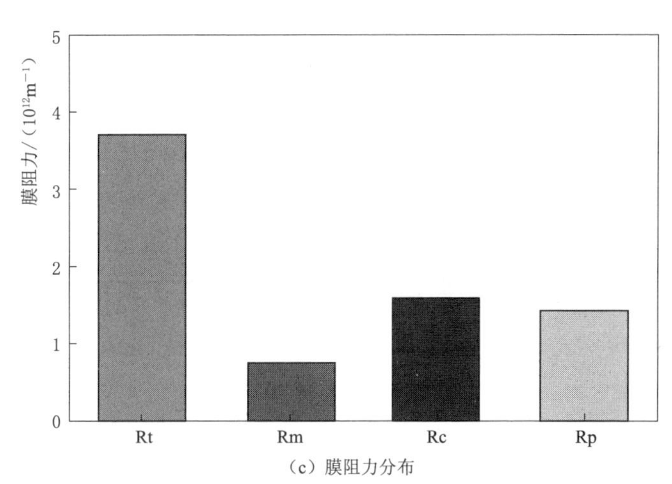

(c)膜阻力分布

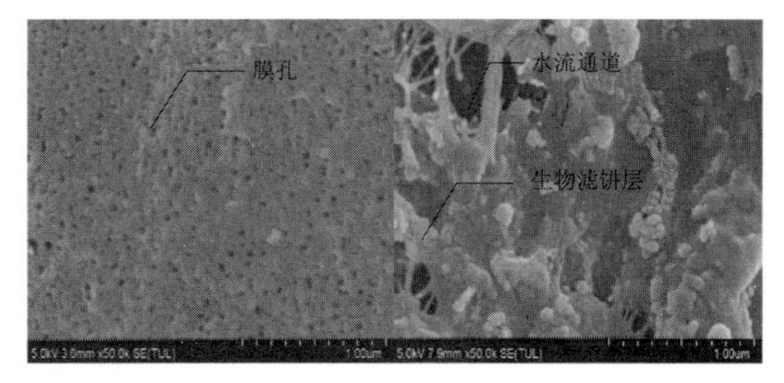

(d)膜丝外表面SEM表征结果

图 3.21(二) 无动力超滤雨水净化工艺小试装置长期运行情况

通过对运行末期膜阻力分布规律的分析发现［图3.21（c）］，该现象与膜孔堵塞有关。结果显示，膜丝自身阻力、滤饼层阻力和膜孔堵塞阻力分别占总阻力的14.6%、54.2%和31.2%，其中滤饼层阻力占比低于其他文献报道的水平（约70%～87%）。同时，由于滤饼层具有预过滤效应，可减少纳米级颗粒物进入膜孔内部，缓解堵塞问题，因此通常情况下，无动力超滤的膜孔堵塞阻力占比一般低于10%。与之相比，本书中无动力超滤在无维护条件下连续运行时间更长，运行末期膜孔堵塞阻力占比达到31.2%，高于现有研究水平。该现象说明，无动力超滤在长期运行过程中，滤饼层阻力逐渐转化为膜孔堵塞阻力，导致其出水通量明显降低，影响产水效率。因此，无动力超滤工艺在无维护条件下的最大连续工作时间应不超过150天，运行结束后需对膜丝进行清洗维护，使其通量恢复后重新运行。

2. 无动力超滤长期运行过程中水质因子对通量变化的影响

一般来说，通量的稳定主要取决于进水水质，而稳定通量值的高低则取决于进水的组成成分和水质因子的变化情况。通过分析不同时期稳定通量值的变化情况与不同水质因子的响应关系发现，其响应关系、响应程度在稳定期和下降期均呈现不同规律（图3.22）。对于溶解氧来说，稳定期的出水通量与之呈显著正相关关系（$r=0.677$，$p<0.001$）［图3.22（a）］。由于稳定期滤饼层中有机质含量累积相对较少，溶解氧增加促进了微生物驱动的有机物降解和分解过程，滤饼层主要以非均相结构覆盖于膜丝表面，其内部疏松、粗糙程度更高，用于水力输送的孔隙结构更多，因此，稳定期的通量水平随溶解氧的增加而上升。而在下降期，由于运行时间较长，滤饼层中有机质累积量和微生物含量显著增加，其中的颗粒态有机物可被分解为溶解态的有机物，从而进入膜丝内部，造成膜孔堵塞，因此通量值与溶解氧呈负相关（$r=-0.794$，$p<0.001$）。

此外，进水的pH值与菌落总数对稳定通量值也具有一定的影响效应，且在不同阶段的响应关系保持一致［图3.22（b）和图3.22（c）］。其中，稳定期和下降期的通量均随pH值的增大而显著降低（$r=-0.874$，$p<0.001$；$r=-0.610$，$p<0.001$），随进水微生物数量的增加而升高（$r=0.701$，$p=0.002$；$r=0.425$，$p=0.027$）。pH值的变化是指膜分离过程

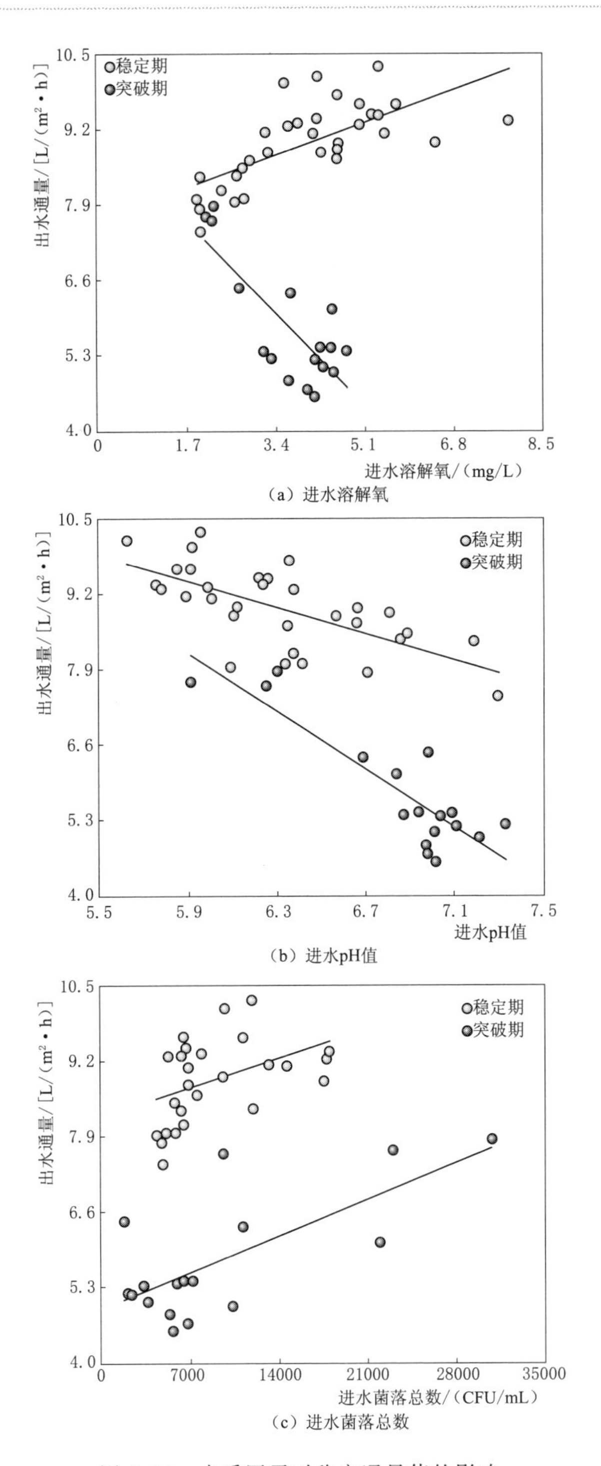

(a) 进水溶解氧

(b) 进水pH值

(c) 进水菌落总数

图 3.22 水质因子对稳定通量值的影响

中浓差极化现象产生的关键因子，滤饼层中有机质的大量降解，导致进水中 pH 值升高，滤饼层界面上的降解产物向本体溶液中扩散，形成边界层，使流体阻力与局部渗透压增加，从而导致出水通量下降。对于微生物来说，进水中的微生物数量升高，有利于丰富滤饼层内部的微生物群落结构，促进滤饼层中真核生物的捕食作用，从而增加滤饼层的粗糙程度及其非均质性，提升出水通量。

3. 无动力超滤长期运行过程中对特征污染物的去除性能

在膜分离过程中，除膜通量及膜阻力变化情况外，出水水质也是评估其运行效能的关键指标。在本书中，对西北村镇地区集雨水窖中的典型特征污染物，即浊度、色度、菌落总数等三个指标，对无动力超滤长期运行过程中的去除效能进行了评估（图 3.23）。在整个运行过程中，进水浊度平均值为 2.12NTU，启动期、稳定期和下降期的出水浊度分别为 0.09NTU、0.20NTU 和 0.14NTU，均低于我国《生活饮用水卫生标准》(GB 5749—2022) 中规定限值（1.0NTU）。同时，三个时期的出水浊度无显著的统计学差异（$p>0.05$），对应的浊度去除率分别为 91.36%、88.56%、91.63%。对于色度来说，尽管进水中的色度变化相对较大，但出水色度相对稳定，在启动期、稳定期和下降期的平均值分别为 5.00 度、8.97 度、8.18 度，均符合我国《生活卫生饮用水标准》(GB 5749—2022) 的要求。

在稳定运行过程中，无动力超滤对微生物也显示了较好的截留效果。在启动期和稳定期，出水中的菌落总数均值分别为 2CFU/mL 和 52CFU/mL，低于《生活饮用水卫生标准》(GB 5749—2022) 的限值，符合饮用水水质标准。然而，在长期运行过程中，出水中的菌落总数逐渐升高，在下降期无动力超滤出水中的菌落总数上升更为显著（$p<0.001$），其均值可达 145CFU/mL，超过相关水质标准限值，膜出水的生物稳定性难以保证。该结果说明，无动力超滤在无清洗、无维护的条件下运行，可保障稳定运行期间的水质安全，但无法确保长期运行过程中出水微生物指标完全达标，因此当运行时间超过 150 天或出水通量显著降低时，应对膜组件进行清洗、维护或灭菌后继续运行。

4. 无动力超滤清洗维护方法研究

无动力超滤在长期无清洗维护条件下运行时，当运行天数超过阈值，

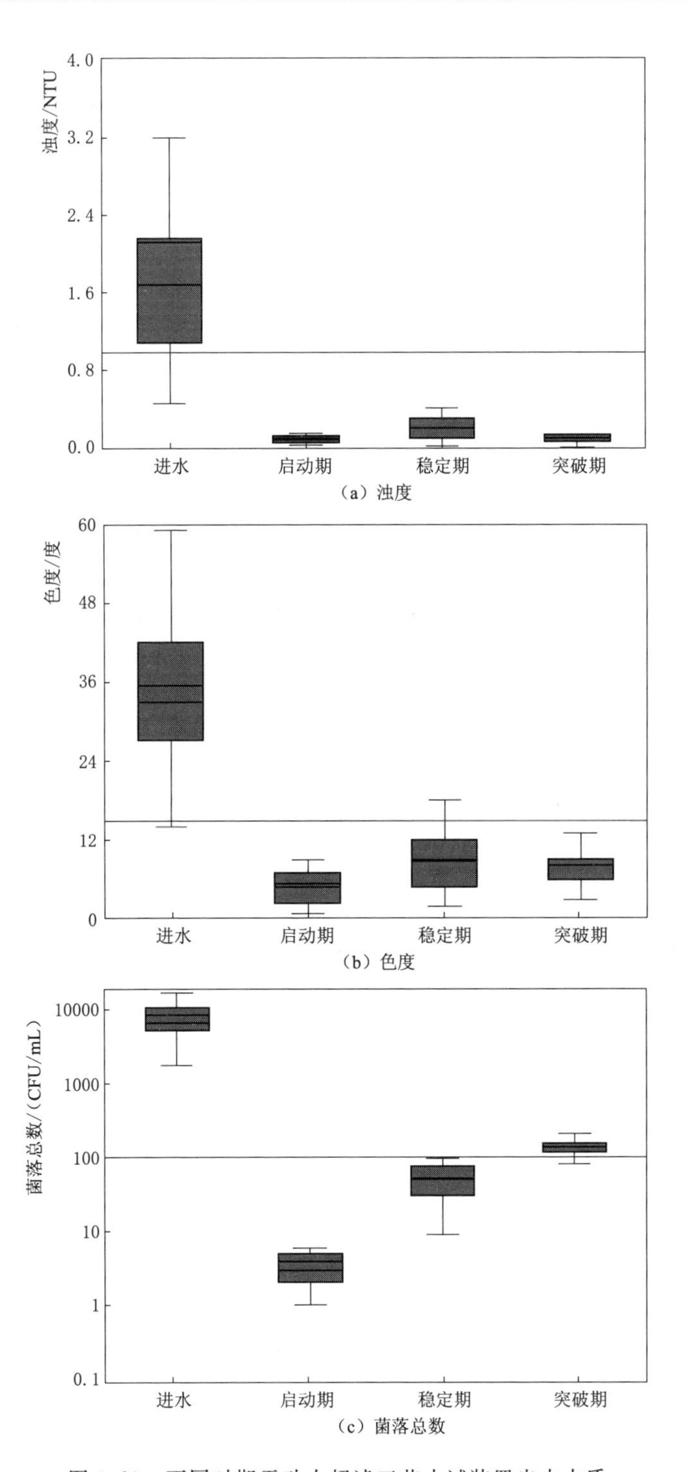

图3.23　不同时期无动力超滤工艺小试装置出水水质

其运行效能仍会产生明显降低。因此，亟须通过简单、易操作的维护措施对无动力超滤-紫外消毒雨水净化装置的性能进行恢复，提升装置的运行稳定性和可持续性。

针对无动力超滤长期运行出现的通量降低和微生物超标的问题，在研究过程中依次采用表面清洗、反冲洗和化学清洗方法对无动力超滤膜组件的初始通量进行恢复。结果显示，通过表面清洗、反冲洗和化学清洗后的膜组件初始通量分别为13.1L/(m^2·h)、32.1L/(m^2·h)和36.9L/(m^2·h)，约为初始膜通量的32.3%、80.0%和91.0%（图3.24）。结合膜丝外表面扫描电镜照片可发现［图3.25（a)］，运行后未清洗的膜丝表面覆盖大量

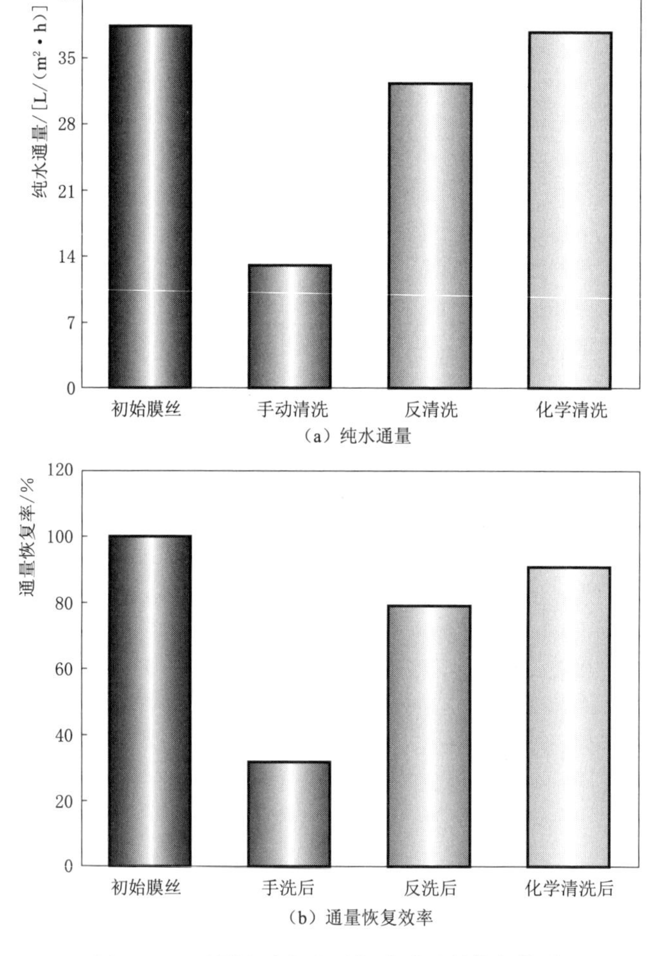

图3.24　不同清洗方式下超滤膜通量恢复情况

无机颗粒物、球菌、杆菌、胞外聚合物（EPS）及细胞残体，表面清洗仅能够清除表面吸附、拦截的污染物，大部分膜孔结构依然被其表面基质层覆盖［图3.25（b）］，仍有大量颗粒物和细胞残体残留于膜丝表面。此外，表面清洗仅能清除部分表面膜污染，无法对长期运行后膜丝内部沉积的有机物进行有效冲洗，故通量恢复效率较低，仅有32.3%。因此，表面清洗仅适用于运行时间相对较短、处理原水水质较好的无动力超滤系统。

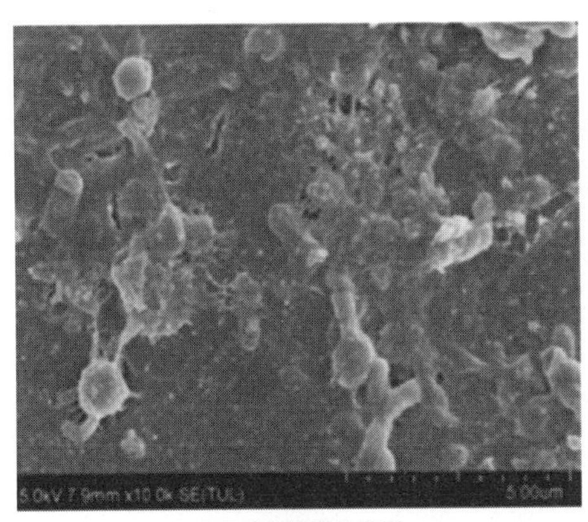

（a）未清洗膜丝表面

（b）表面清洗后的膜丝表面

（c）反冲洗后的膜丝表面

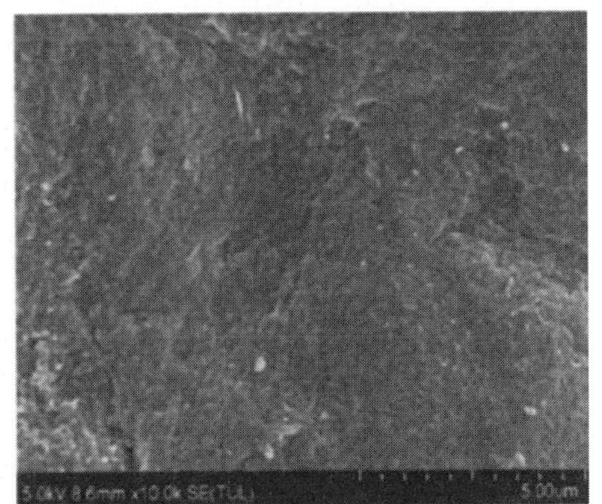

（d）化学清洗后的膜丝表面

图3.25　膜丝外表面扫描电镜表征结果

反冲洗后的膜丝表面扫描电镜照片如图3.25（c）所示，膜丝外表面除发现少数颗粒状物质外，无滤饼层或较多沉积物质，单位面积上可辨识膜孔数量显著高于表面清洗后的膜丝表面的膜孔数量（$p<0.001$），说明经过反冲洗后，内压式进水由膜孔冲出，可使膜丝表面基质层疏松、悬

浮，从而被反洗液剥离。同时，在反冲洗压力作用下使膜孔瞬间扩张，可将其中由于溶质的浓缩结晶及沉淀导致膜孔堵塞的颗粒物及渗透在膜孔中的物质洗脱。相比于表面清洗，反冲洗对于通量恢复的提升更为显著，但反冲洗后膜丝通量仍无法完全恢复至原有水平。由于采用膜丝材料为PVDF，具有极强疏水性，对多糖、蛋白质等两亲类物质具有较强吸附能力，所以该类物质仍可残留于膜丝内部，阻碍水流穿过膜孔。因此，在反冲洗后，采用化学清洗进一步强化了膜通量恢复效率。如图 3.25（d）所示，经化学清洗后，膜丝内部残留的两亲类物质可被次氯酸钠氧化、溶解并随清洗液排出膜外，其表面颗粒物被基本洗脱，单位面积内可辨识膜孔数量进一步增多，通量恢复效率达到 91%。综上所述，经过长期运行的无动力超滤膜组件无法通过简单的表面清洗恢复通量，因此需利用反冲洗和化学清洗来显著提升通量恢复效率，故在实际应用中应根据现场条件及运行时长，灵活选择无动力超滤的清洗方式，从而达到节能高效的可持续发展理念。

5. 无动力超滤-紫外消毒雨水净化技术开发

无动力超滤在无清洗、无维护条件下长期运行，可能存在出水微生物超标现象，同时农村地区卫生条件较差，易导致无动力超滤出水中携带的微生物在储存阶段大量滋生。本指南对长期储存的无动力超滤出水中的微生物浓度进行了监测（图 3.26）。无动力超滤过滤后的直接出水菌落总数仅为 27CFU/mL，存储 1 天后其微生物指标即超过了《生活饮用水卫生标准》（GB 5749—2022）中的规定限值。存储 1 天后，出水微生物数量呈对数增长，并在第 5 天达到峰值。存储 7 天后，无动力超滤出水中的菌落总数为 105400CFU/mL，超过饮用水标准限值的 1000 倍，说明经过无动力超滤处理后达标的雨水在长期储存条件下仍存在一定的生物安全风险，需通过消毒对无动力超滤出水进行处理，进一步提升饮用水的水质安全。

对于无动力超滤系统出水来说，低浊度、低色度是其最主要的水质特征，因此紫外线在该类水体中受颗粒物遮蔽、有机物吸收的影响较低，能够保证较高的穿透效率。可通过对无动力超滤出水进行紫外线消毒，破坏及改变微生物脱氧核糖核酸结构，使其失去繁殖能力，实现微生物的高效灭活。此外，目前研究发现紫外消毒技术除可高效除菌外，还可有效降低

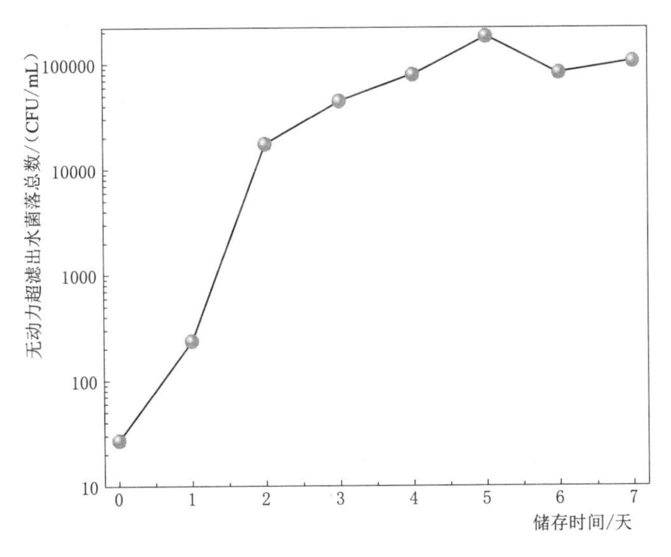

图 3.26 长期存储的无动力超滤工艺出水菌落总数变化情况

超滤出水中的ATP浓度，减少灭活细菌的复活或抑制活性细菌的生长与繁殖。与其他消毒技术相比，紫外消毒与无动力超滤技术具有更高适配性、互补性，是解决无动力超滤出水微生物滋生的有效方法。

针对无动力超滤出水中可能存在的生物安全风险和农村卫生条件下的微生物滋生问题，进一步开发了无动力超滤-紫外消毒雨水净化技术。通过在无动力超滤出水后端设置紫外消毒灯，进一步降低生物安全风险。经过对无动力超滤-紫外消毒雨水净化工艺测试发现，开启紫外灯后30s内，长期存储的无动力超滤出水中的微生物浓度显著下降，由初始浓度105400CFU/mL降至247CFU/mL（图3.27）。紫外照射5min后，出水中的微生物基本被灭活，其数量仅为3CFU/mL。在后续紫外照射的30min内，出水菌落总数浓度水平仅为0～3CFU/mL，无明显波动。紫外消毒关闭后，出水中的微生物数量呈缓慢增加趋势，8h后出水菌落总数仅为32CFU/mL，符合《生活饮用水卫生标准》（GB 5749—2022）的要求。上述结果说明，无动力超滤-紫外消毒雨水净化技术可显著提升超滤出水生物安全性，并可有效降低储存阶段的微生物滋生风险，保障水质安全。

3.5.3.4 实际处理效果

研究团队在甘肃省庆阳市环县环城镇西川村对16套装置进行了安装、

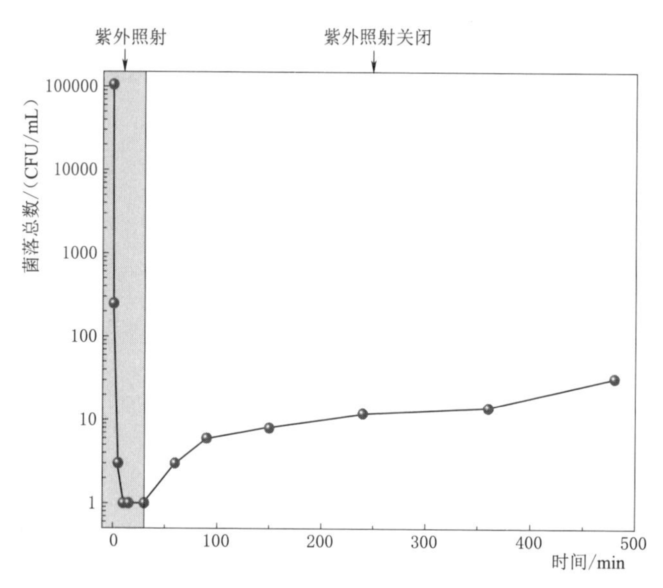

图 3.27 无动力超滤-紫外消毒雨水净化工艺出水菌落总数变化情况

调试，并对 16 户农户代表进行无动力超滤-紫外消毒雨水净化装置的运行维护方法培训，确保当地居民可自行操作、运行和维护装置。经培训后，16 套装置在西川村正式现场应用，其中对两套装置的出水水质进行了长期监测评估，并对 16 套装置的运行使用情况进行了回访，16 套装置均在当地稳定运行（图 3.28），由于其净水效果好、操作简单、维护方便，受到当地居民的广泛好评，为西北村镇地区饮用水安全提供了充分保障。

目前，装置已在当地稳定运行近 7 个月，2 套长期监测的无动力超滤-紫外消毒雨水净化装置的进、出水特征污染物浓度的历时变化情况如图 3.29 所示。

(a) 冉旗寨村农户1家中装置运行情况

图 3.28（一） 甘肃省环县环城镇西川村部分现场装置使用情况

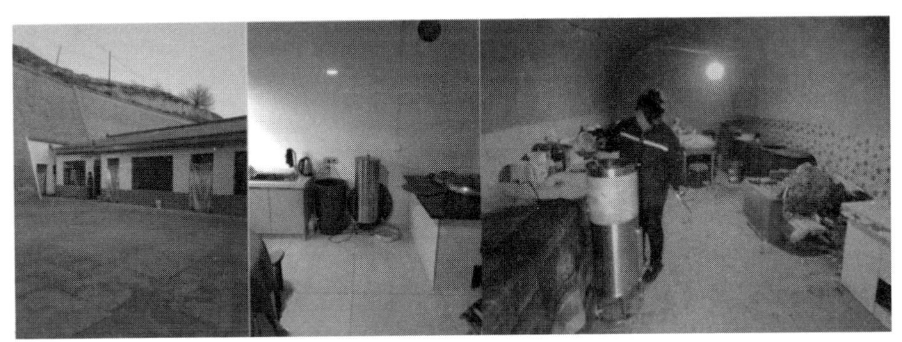

（b）冉旗寨村农户2家中装置运行情况

图 3.28（二） 甘肃省环县环城镇西川村部分现场装置使用情况

其中装置 1 所在农户家中所用集雨水窖为胶泥土窖，且使用年限较长；装置 2 所在农户家中所用集雨水质为水泥水窖。两处集雨水窖原水中的浊度、色度和微生物均存在明显超标，受集雨水窖构筑物材质影响，在 6—10 月降雨较为集中的时间段，装置 1 进水的水质波动与装置 2 进水相比更为明显，其中装置 1 进水菌落总数最高值可达 2860CFU/mL。经无动力超滤-紫外消毒雨水净化装置处理后，出水中的浊度、色度和微生物含量大幅降低，其中装置 1 出水中色度、浊度和微生物浓度均值分别为（5.4±2.1）度、(0.09±0.03)NTU 和（9.0±1.4)CFU/mL，装置 2 出水浊度、色度和微生物分别为（0.05±0.03)NTU、（5.9±1.1）度和（7.1±2.8)CFU/mL，在 7 个月的运行过程中，出水水质均符合《生活饮用水卫生标准》(GB 5749—2022）中的规定限值。

对装置 1 5 月、8 月、12 月的进、出水水样进行第三方检测，其整体水质情况见表 3.19。结果表明，无动力超滤-紫外消毒雨水净化装置净化后出水中的特征污染物浓度水平与自测结果无显著差异，且出水水质符合饮用水水质标准。此外，经净化后出水中的其他水质指标均低于《生活饮用水卫生标准》(GB 5749—2022）中的标准值，说明在该工艺净化过程中无内源性污染及其他物质释放，进一步证明本课题开发的无动力超滤-紫外消毒雨水净化装置可有效保障我国西北村镇地区雨水用作饮用水的水质安全。

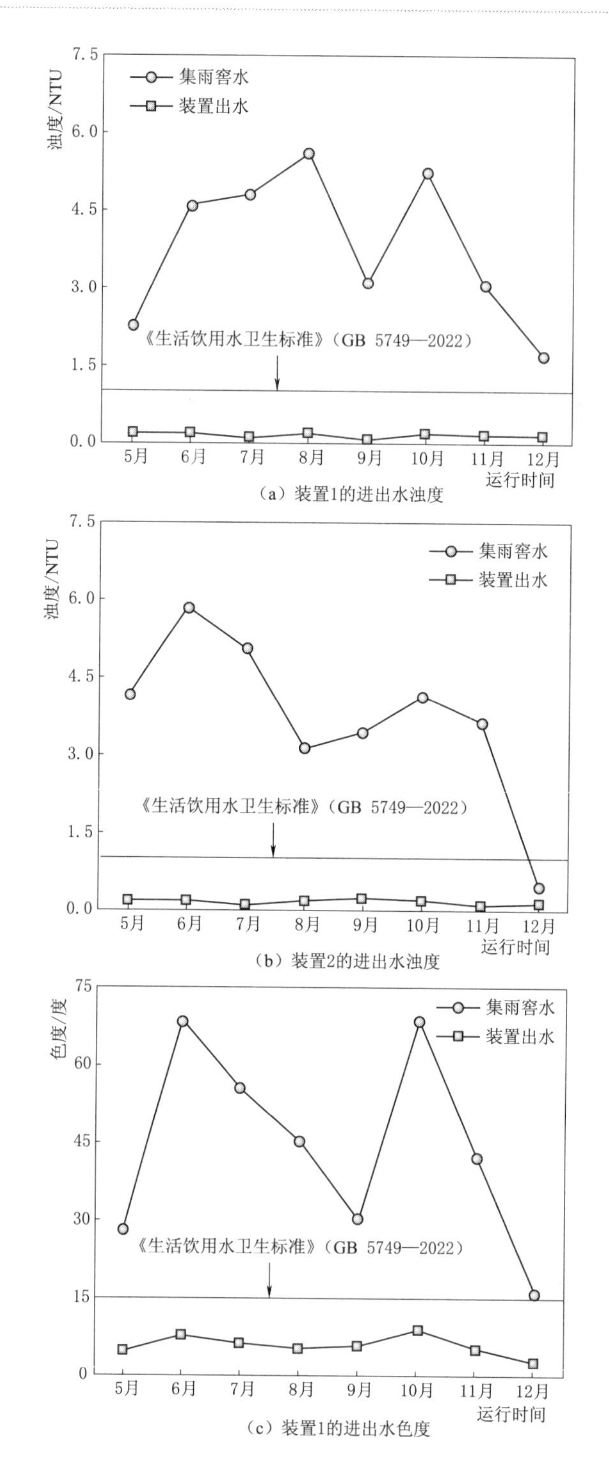

（a）装置1的进出水浊度

（b）装置2的进出水浊度

（c）装置1的进出水色度

图 3.29（一） 无动力超滤-紫外消毒雨水净化装置进、出水水质历时变化规律

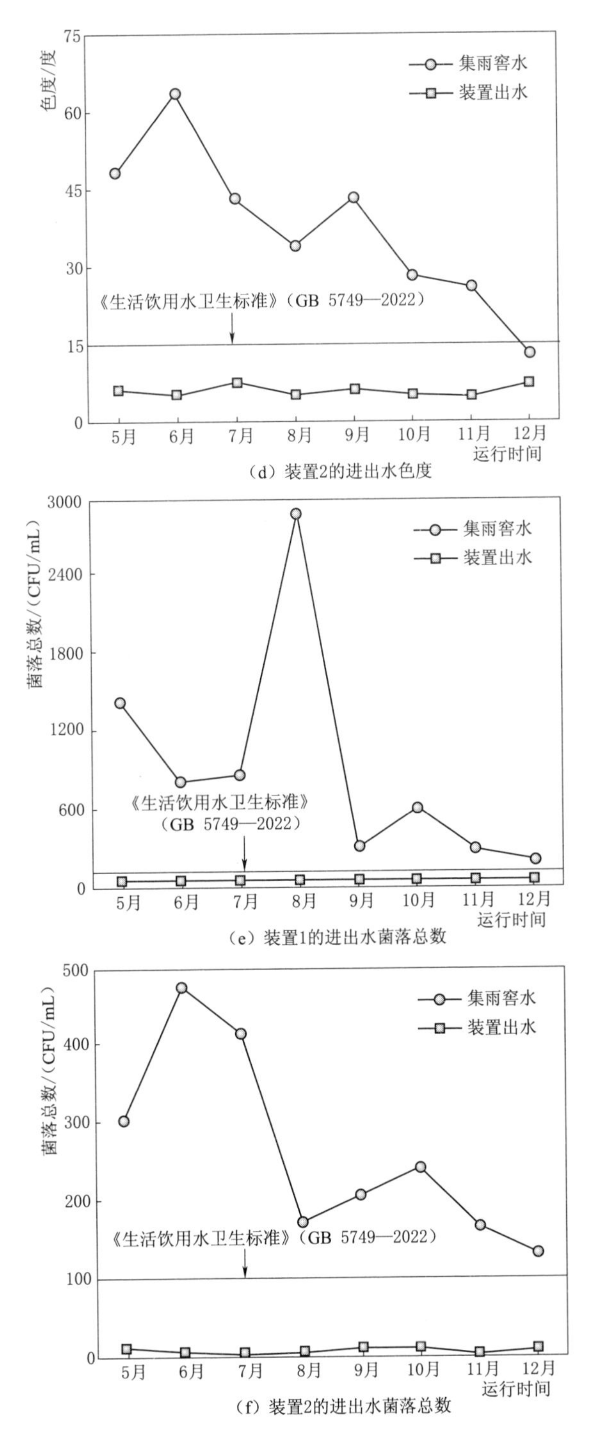

图 3.29（二） 无动力超滤-紫外消毒雨水净化装置进、出水水质历时变化规律

表3.19 无动力超滤-紫外消毒雨水净化装置进、出水水质检测结果

水质指标（样品名称）	单位	集雨窖水5月原水	1号装置5月出水	集雨窖水8月原水	1号装置8月出水	集雨窖水12月原水	1号装置12月出水	《生活饮用水卫生标准》(GB 5749—2022)的要求
pH	无量纲	8.13	8.08	8.04	7.97	8.18	8.1	6.5～8.5
TDS	mg/L	173	148	162	137	188	157	≤1000
总硬度	mg/L	147	125	141	118	163	135	≤450
高锰酸盐指数	mg/L	0.83	0.65	0.93	0.68	0.78	0.61	≤3
色度	度	28	未检出	22	未检出	16.1	未检出	≤15
浊度	NTU	2.05	未检出	2.65	未检出	1.78	未检出	≤1.0
氨氮	mg/L	未检出	未检出	未检出	未检出	未检出	未检出	≤0.5
氰化物	mg/L	未检出	未检出	未检出	未检出	未检出	未检出	≤0.05
氟化物	mg/L	未检出	未检出	未检出	未检出	未检出	未检出	≤1.0
硝酸盐	mg/L	1.67	1.51	1.53	1.32	1.82	1.58	≤10
氯化物	mg/L	76.6	47.3	82.4	51	80.4	53.6	≤250
硫酸盐	mg/L	135	85.7	125	82.6	149	87.3	≤250
砷	μg/L	1.8	1.4	1.2	1	2.3	1.6	≤10
硒	μg/L	0.23	0.18	0.12	0.13	0.22	0.11	≤10
镉	μg/L	未检出	未检出	未检出	未检出	未检出	未检出	≤5
铬	μg/L	未检出	未检出	未检出	未检出	未检出	未检出	≤50
铅	μg/L	未检出	未检出	未检出	未检出	未检出	未检出	≤10
铝	μg/L	未检出	未检出	未检出	未检出	未检出	未检出	≤200
铁	μg/L	未检出	未检出	未检出	未检出	未检出	未检出	≤300
锰	μg/L	1.6	未检出	2.3	未检出	1.4	未检出	≤100
铜	μg/L	未检出	未检出	未检出	未检出	未检出	未检出	≤1000
锌	μg/L	未检出	未检出	未检出	未检出	未检出	未检出	≤1000
菌落总数	CFU/mL	1420	17	1754	22	878	11	≤100

3.5.4 处理成本分析

无动力超滤-紫外消毒雨水净化装置由中国科学院生态环境研究中心独立研发制作，实际运行产水量为20L/h，每日实际运行时间为4h。装置仅紫外消毒灯需消耗额外电量，紫外消毒灯额定功率为16W，每日开启3次，每次10min，日耗电量仅为0.008kW·h。当地电费为0.5元/(kW·h)，每日耗电费用为0.004元。同时，装置单日运行4h产水量为80L。

由上述分析可知，装置日运行电费0.004元，日产水量80L，每吨产水电费0.05元。

表3.20 无动力超滤-紫外消毒雨水净化装置耗材费用

序号	名称	使用年限/年	价格/元	年费用/元	日费用/元
1	超滤膜组件	7	140	20	0.05
2	紫外消毒灯	5	180	36	0.10
总　计					0.15

由表3.20分析可知，加上装置单日耗材费用，无动力超滤-紫外消毒雨水净化装置单日运行成本为0.15元。

3.5.5 运行管理维护

3.5.5.1 净水装置的运行维护

(1) 建议每1～2个月对净水装置进行简单维护，或在装置产水量明显降低时对装置进行维护。

(2) 装置维护时，可将原水桶与清水桶拆分，排空原水桶中的存水，将原水桶膜组件拆分，分别进行清洗。

(3) 原水桶清洗时需关闭宝塔头阀门，清洗原水桶内壁及连接缝隙处杂物等。

(4) 膜组件清洗需使用清水桶中的净化水，将膜组件浸泡在净化水中并对超滤膜丝外表面进行轻微擦拭，去除表面污泥。

(5) 表面清洗结束后，对膜组件进行反冲洗，即使用注射器抽取清水桶中净化水，装有清水的注射器与膜组件通过管路连接后，推动注射器中清水缓慢注入膜组件中。将上述步骤重复进行8～10次后，即可将膜组件重新连接至装置中。

上述过程结束后，将装置重新连接，并开启清水桶中的紫外消毒灯对其内壁进行消毒，开启时间为20～30min，消毒完毕后可重新使用。

3.5.5.2 使用过程中注意事项

（1）阀门垂直于底部是开启状态。

（2）膜组件用于净水后，需要在水中存放，因此原水池内水位降到最低时，也需浸没膜丝。

（3）向原水池中加水前，需查看清水池中水位，避免过多加入窖水导致清水池中清水外溢。

（4）每次取水前应提前开启紫外灯5～10min，避免清水池中微生物滋生影响水质。

（5）清洗维护时请注意保护滤膜。

在运行7个月后，对现场装置的运行情况进行考察后发现，16套装置运行情况较好且均得到了较好的维护，超滤膜丝无明显发黑、干裂等情况，由于该维护方法简单、操作方便、成本低廉、无需像常规净水器一样频繁更换滤芯，因此每1～2个月便对装置进行一次清洗维护，以保障装置长期稳定可持续化运行。

第 4 章

高寒牧区融雪水净化技术

4.1 高寒牧区融雪水水质特征及污染物来源

4.1.1 水质特征

我国高寒牧区饮用水资源匮乏，当地居民以融雪水作为生活饮用水的唯一来源。然而，由于自然环境与畜牧养殖产业的发展直接影响了融雪水水质，导致高寒牧区融雪水中存在浊度、有机污染物、粪大肠杆菌群、氨氮等超标现象。

本指南选择甘肃省甘南藏族自治州某高寒牧区作为融雪水水质调研地点。该地区年平均气温 2.8℃，年降雨量为 633～782mm，区域生态地位突出，是黄河重要水源补给区，为水土保持与水源涵养起到重要作用。在该区共选取 26 个取样点采集水样，对所取 26 个水样进行了总磷、氨氮、pH 值、高锰酸盐指数、浊度等水质进行检测，结果见表 4.1。

表 4.1　高寒牧区水质检测结果

编号	浊度/NTU	pH 值	高锰酸盐指数/(mg/L)	氨氮/(mg/L)	总磷/(mg/L)	粪大肠菌群/(个/L)	总氮/(mg/L)
1	8.60	7.16	3.831	0.696	0	0	1.25
2	5.80	7.98	1.040	0.429	0	0	0.96
3	3.00	7.08	1.761	0.766	0	0	1.52
4	17.70	7.38	2.529	0.172	0.050	0	0.77

续表

编号	浊度/NTU	pH值	高锰酸盐指数/(mg/L)	氨氮/(mg/L)	总磷/(mg/L)	粪大肠菌群/(个/L)	总氮/(mg/L)
5	0	7.38	0.569	0.204	0	0	0.81
6	14.20	7.57	0.757	0.317	0	0	0.88
7	0.30	7.49	0.585	0.218	0	0	0.80
8	5.10	7.99	1.635	0.401	0	0	1.02
9	4.80	7.78	1.353	0.429	0	0	1.14
10	0.30	7.60	1.134	0.401	0.010	0	1.10
11	11.40	7.74	2.968	0.274	0	2	0.91
12	0.10	7.44	1.055	0.232	0	0	0.76
13	0.10	7.87	0.459	0.288	0	0	0.73
14	0.10	7.51	0.569	0.260	0.010	0	0.85
15	102.10	8.68	9.260	0.580	0.190	49	0.76
16	260.03	8.73	8.320	0.490	0.050	3000	0.74
17	412.40	8.72	6.820	0.070	0.010	3000	0.81
18	142.20	8.73	5.110	0.050	0.180	49	0.94
19	51.30	8.53	5.830	0.070	0.060	79	0.74
20	23.60	8.16	2.740	0.223	0.016	3000	0.79
21	35.50	8.14	1.890	0.221	0.013	3000	0.82
22	5.30	8.24	2.870	0.226	0.020	3000	0.80
23	12.20	8.11	1.240	0.232	0.020	3000	0.79
24	45.20	8.88	0.490	0.200	0.060	40	3.40
25	3.74	8.98	0.620	0.080	0.040	790	2.80
26	6.45	8.91	1.440	0.120	0.030	17000	2.60

4.1.2 污染物来源

4.1.2.1 浊度

融雪水形成的地表径流携带的泥沙、黏土等悬浮物质造成了浊度升高，此外季节性水量变化大的特点直接导致了融雪水出现季节性高浊现象。

4.1.2.2 有机污染物

高寒牧区畜牧养殖过程中的不合理排放以及土壤中有机质的浸入是融雪水中有机污染物的主要来源。

4.1.2.3 含氮化合物

动物粪便的排入以及低温环境加速大气对污染物的沉降效果导致了融雪水中含氮化合物超标的现象。

4.1.2.4 微生物

动物粪便的排入所滋生的细菌是微生物污染的主要来源，导致了部分地区融雪水中存在微生物污染现象。

4.2 高寒牧区融雪水主要处理技术

4.2.1 混凝沉淀预处理技术

4.2.1.1 技术简介

混凝沉淀预处理技术是向水体中添加化学药剂，改变胶体颗粒的表面特性，使其从分散状态聚集成大的絮体，在水中快速沉降至底部被去除。目前，研究者们对混凝机理的总体认识趋于统一，主要分为以下四点：

（1）压缩双电层：根据 DLVO 理论，较薄的双电层能够降低胶体颗粒的排斥能。如果能使得胶体颗粒的双电层变薄，排斥能降到相当小，在两胶体接近时，就可以由原来的排斥力为主变为吸引力为主，胶体颗粒之间会发生凝聚现象。当向溶液中投入混凝剂后，溶液离子浓度增高，使得扩散层厚度减小，当两个胶体粒子相互接近时，由于扩散层厚度的减小，Zeta 电位（电动电势）降低，导致其胶粒间的排斥力降低，使得胶粒得以快速凝聚。

（2）吸附电中和：胶体表面对带异号电荷的部分有强烈的吸附作用，

由于这种吸附作用中和了部分电荷，减少了静电斥力，使得胶粒之间相互接近吸附。这种吸附作用的驱动力包括静电引力、氢键、配位键以及范德华引力等。

(3) 吸附架桥作用：吸附架桥作用一般指分散体系中的胶体颗粒通过吸附有机、无机高分子物质架桥链接，聚集成较大的聚集体而被脱稳去除。链接时胶体颗粒之间并不直接接触，高分子混凝剂的链状分子在其中起了桥梁和纽带的作用，通过静电引力、范德华引力和氢键力等，使一个分子上吸附多个微粒，在微粒间起到联系作用。

混凝机理如图 4.1 所示。

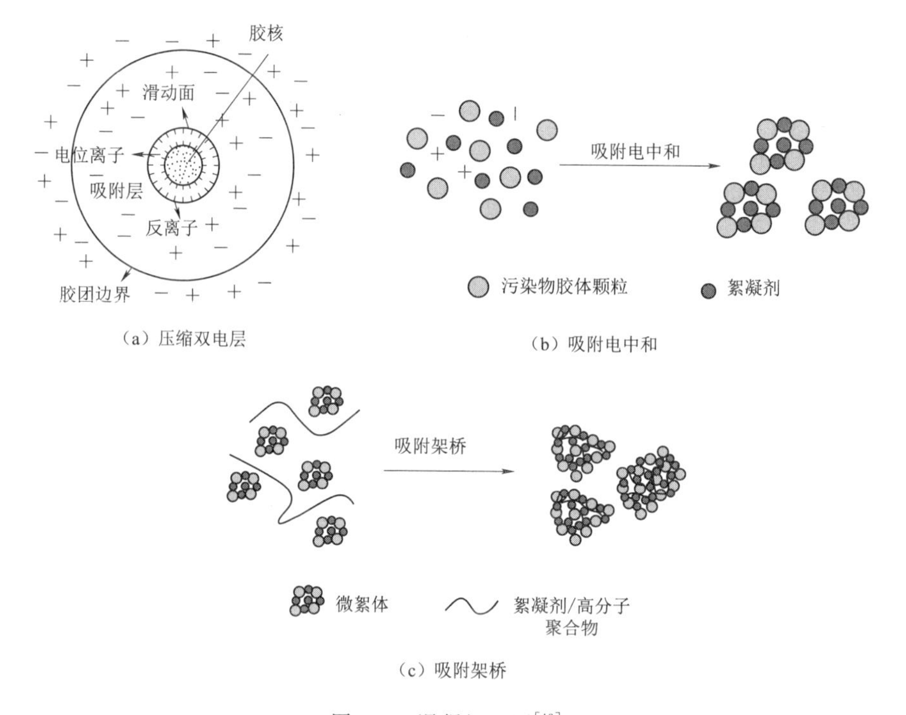

图 4.1 混凝机理图[43]

(4) 网捕卷扫作用：当金属盐或者金属氧化物及其氢氧化物作为混凝剂时，大量投加混凝剂，使投加量大到足以迅速形成金属氧化物或金属碳酸盐沉淀物时，水中的胶粒可被这些沉淀物在形成时所网捕，达到混凝效果。

混凝沉淀技术拥有操作及运行维护简单、技术成熟、配套设施完善等特点，通过混凝沉淀预处理可以有效去除原水中的悬浮胶体颗粒及部分有机污染物，在降低进水浊度的同时实现对有机污染物的同步去除。研究者们可针对各种水质条件研发高效、经济、无害的新型絮凝剂，辅以其他强化混凝技术来达到预处理效果。

4.2.1.2 技术运用

针对高寒牧区融雪水所展现的污染特征，兰州交通大学黄河上游水环境创新团队研发的聚硅酸铝铁/阳离子淀粉复合絮凝剂能将原水中的浊度降低到1NTU以下，高锰酸盐指数去除率达到37.10%，大肠杆菌的去除率达到72.34%，实现了对高寒牧区融雪水较好的预处理效果。

此外，韩耀霞[44]研究了6种混凝剂——硫酸铝、硫酸铁、氯化铁、聚合氯化铝（PAC）、聚合氯化铝铁（PAFC）和聚丙烯酰胺（PAM）对原水中有机物的去除效果。结果表明6种混凝剂均产生了较好的预处理效果，药剂费用低于一般的水处理工艺；新型絮凝剂的使用也扩展了混凝沉淀技术在饮用水处理上的应用。

4.2.1.3 适用范围

混凝沉淀预处理技术作为最成熟的水处理技术之一，对融雪水中存在的季节性高浊问题有很好的适用性，适用于水质相当于《地表水环境质量标准》（GB 3838—2002）Ⅱ类水的融雪水处理。

4.2.2 臭氧预氧化处理技术

4.2.2.1 技术简介

臭氧是一种不稳定的淡蓝色气体，在水中的溶解度约为氧气的25倍，在环境温度下有刺鼻的鱼腥味。臭氧分子由3个氧原子组成，其中1个氧原子为中心原子，另外2个原子通过共价键与中心原子相连接，并且通过SP2杂化形成等腰三角形形状的空间结构［图4.2（a）］，这也使得臭氧分子呈现带有2个σ键和1个π键的双自由基模式［图4.2（b）］，相关学者根据臭氧的电子构型和空间模型提出了4种臭氧分子共振结构［图4.2（c）］。

臭氧在水处理、空气清洁和食品保存方面都有着广泛的运用，本质上取决于其活泼的化学性质。臭氧的强氧化还原电位使得其作为一种氧化能力较强的氧化剂，在水处理过程中能够与多种污染物反应。臭氧在水处理

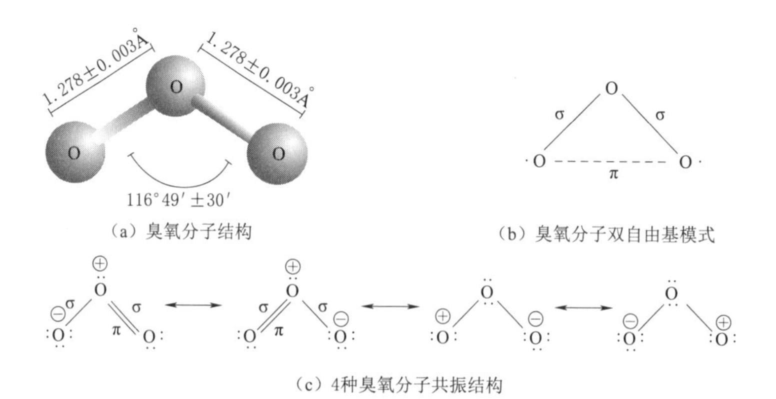

(a) 臭氧分子结构　　(b) 臭氧分子双自由基模式

(c) 4种臭氧分子共振结构

图 4.2　臭氧结构示意图[45]

过程中通过臭氧分子的直接和间接氧化作用，起到了消毒杀菌、脱色、除臭、除铁锰以及氧化有机物等多种效果。实验表明，与传统的氧化剂相比，臭氧氧化技术不仅有效降解了水中的多类污染物质，而且避免了有机氯化物的生成，同时针对高寒牧区融雪水存在的浊度、色度及有机物超标等问题也具有较好的预处理效果。常见水处理氧化剂氧化还原电位见表 4.2。

表 4.2　常见水处理氧化剂氧化还原电位

氧化剂	反　应　式	氧化电极电位/V
羟基自由基	$\cdot OH+H^{+}+e=H_2O$	2.8
臭氧	$O_3+2H^{+}+2e=H_2O+O_2$	2.07
过氧化氢	$H_2O_2+2H^{+}+2e=2H_2O$	1.77
高锰酸钾	$MnO_4^{-}+8H^{+}+5e=Mn^{2+}+4H_2O$	1.51
二氧化氯	$ClO_2+e=Cl^{-}+O_2$	1.50
氯气	$Cl_2+2e=2Cl^{-}$	1.30

4.2.2.2　技术运用

臭氧预氧化技术已经在改善水体感官性指标、去除有机污染物及无机污染物、灭活致病微生物以及控制消毒副产物等方面有着较好的运用。刘禧文等[46] 对臭氧除臭效果的研究表明，随着臭氧投加量的增大，水中典型嗅味物质的去除率升高，针对南水北调引发的江水嗅味问题，研究结果表明臭氧的适宜投加量为2mg/L。付乐[47] 对臭氧预氧化去除饮用水中的有机污染物的研究表明，经臭氧预氧化处理后，水中高锰酸盐指数、UV_{254} 和总有机碳的平均去除率分别为50.70%、84.60%和85.22%。

此外，针对于高寒牧区融雪水存在的有机物和微生物污染，选用6mg/L浓度的臭氧进行预氧化处理，反应时间为10min，对水中污染物的处理效果见表4.3。

表4.3 臭氧预氧化对融雪水中特征污染物的去除效果

指　标	原水水质	臭氧预氧化出水水质	平均去除率
色度	30～45度	5～10度	80.0%
UV_{254}	0.06～0.1cm^{-1}	0.017～0.4cm^{-1}	47.2%
高锰酸盐指数	4.5～7mg/L	3.2～5.0mg/L	20.4%
大肠杆菌群数	100～10000个/mL	未检出	100.0%

4.2.2.3 适用范围

臭氧氧化工艺具有氧化降解有机物、增强可生化性以及消毒杀菌等功能，适用于长期存在有机污染及微生物污染的高寒牧区微污染水，强化了原水的可生化性，但不适用于高氨氮原水的预处理。

4.2.3 生物过滤技术

4.2.3.1 技术简介

生物过滤属于生物膜法的一种，通过选择合适的填料，使负载的微生物群体获得适宜的生长繁殖环境，并且利用微生物的新陈代谢作用将水中的有机物、氨氮等物质氧化去除，同时强化对胶体悬浮物质的截留作用，降低出水污染负荷，改善饮用水水质。目前常用的生物过滤设施有曝气生物滤池、生物流化床、生物转盘等。

生物过滤技术具有运行成本低、运行周期长以及管理维护方便等特点，将过滤技术与其他生物技术相结合可以实现对浊度、有机物、氨氮等污染物的稳定去除，提高饮用水的生物稳定性。

4.2.3.2 技术运用

余健[48] 研究了生物过滤技术对饮用水中有机物、铁锰等物质的去除效果，结果表明，生物过滤技术可以有效地去除饮用水中的微量有机物和氯化消毒副产物，并且对小分子量有机污染物的去除效果较好。陶光华[49]采用曝气生物滤池与常规工艺组合处理城市生活饮用水的研究表明，生物处理技术提高了各个污染物的去除效果，提高了生活饮用水的水质达标保证率。

针对高寒牧区存在的特征污染物及浓度范围，采用曝气生物过滤技术对污染物进行降解实验，其去除效果见表4.4，浊度和氨氮均能达到《生活饮用水卫生标准》(GB 5749—2022) 的要求，对有机污染物的去除率约为30%，生物过滤技术能稳定有效的运行。

表4.4　生物过滤对融雪水中特征污染物的去除效果

指　标	原水水质	生物过滤出水水质	平均去除率
浊度	6.2～8.6NTU	0～0.5NTU	95%
UV_{254}	0.057～0.092cm^{-1}	0.046～0.078cm^{-1}	34.37%
高锰酸盐指数	4.5～6mg/L	2.5～4.5mg/L	24.73%
氨氮	0.4～0.6mg/L	0.1～0.3mg/L	52.04%

4.2.3.3　适用范围

生物过滤技术适用于处理以浊度、有机污染物、氨氮为主要特征污染物的水体；适合于水质相当于《地表水环境质量标准》(GB 3838—2002) 中规定Ⅱ～Ⅲ类水的融雪水处理。

4.2.4　纳滤技术

4.2.4.1　技术简介

纳滤膜 (nanofiltration membrane，NF) 诞生于20世纪70年代，其截留分子量介于超滤膜与反渗透膜之间，既可以去除水中的有机污染物（如腐殖酸、消毒副产物前体物和抗生素等），还可去除水中的高价态无机污染物[50]。通常，纳滤膜具有以下主要特征[51]：

(1) 运行时工作压力为0.3～3.0MPa，操作压力低于反渗透膜。

(2) 能有效分离相对分子质量为300～1000Da的有机物。

(3) 膜孔径一般为1～2nm。

(4) 膜表面带电荷，能有效截留二价离子，截留率在90%以上，而对单价离子的截留率低于90%。

4.2.4.2 技术应用

纳滤膜分离技术所展现的出水水质优良、占地面积小、易于实现自动化等特点，使得其在饮用水处理中受到了高度的重视。麦正军等[52] 研究表明，当操作压力处于 0.5MPa，进水流量控制在 350L/h 时，NF270 纳滤膜对 SO_4^{2-}、F^-、Cl^- 的去除率分别为 99.42%、81.69%、34.65%，NF90 纳滤膜对 SO_4^{2-}、F^-、Cl^-、NO_3^- 的去除率分别为 99.76%、98.16%、96.31%、84.66%。徐悦[53] 采用生物可同化有机碳（AOC）鉴定纳滤膜出水的生物稳定性，结果表明纳滤膜对饮用水中的 AOC 去除率达到 60%，出水 AOC 浓度均值为 33.18μg/L，提高了饮用水的生物稳定性，但是去除效果受水质条件影响较大。吴玉超[51] 研究表明，纳滤作为深度处理工艺对高锰酸盐指数、总有机碳、UV_{254} 等常规指标的去除率高达 90%以上，对溶解性总固体的去除率为 50%左右，可基本去除芳香类蛋白物质。同时，相较臭氧活性炭工艺，纳滤工艺对常规指标、有机氯农药、多环芳烃等的去除均表现出显著优势；Karina 等[54] 对纳滤膜净水性能的研究表明，纳滤在去除无机盐离子的基础上，可有效降低水中有机物的含量。絮凝与纳滤膜相结合，不仅能够提高膜通量，而且能有效去除溴化物等污染物。即使原水的水质突然恶化，纳滤膜依然具备良好的除污性能。

4.2.4.3 适用范围

以纳滤膜为核心的膜处理工艺适用于处理以低浊度、有机污染物、细菌以及无机盐离子为主要特征污染物的高寒牧区融雪水以及含盐量较高的水体，具有出水水质标准高、出水水质稳定等特点。

4.2.5 电生物耦合技术

4.2.5.1 技术简介

电生物耦合技术是将电化学反应系统与生物反应器结合形成的电生物体系。该技术将电化学作用和生物作用在机理上互相融合，以此提高生物作用对污染物的降解效率，降低水处理成本，同时利用电化学过程中析氧、电子迁移、产热等反应提高协同处理效果。电场对微生物的作用如下[55-56]：

(1) 外加电压刺激可增强微生物细胞膜的通透性，加快营养物质在细胞内的转换，从而促进微生物的生长繁殖。

(2) 电场会刺激微生物的脱氢酶活性，微生物电催化反应实质为酶催化反应，利用电场提高微生物的污染物处理能力。

(3) 微生物在电场作用下可能改变微生物的代谢途径，以水的电解过程中产生的氢或氧作为电子受体或供体，以此改变微生物代谢途径，促进细胞与外界物质的电子传递，加快污染物的降解。

(4) 难生物降解的物质或大分子有机物在电化学作用下转化为可生物降解的物质或小分子有机物，这些物质虽不能进一步被氧化，但可作为碳源被微生物二次利用，从而实现水中污染物的高效去除。

4.2.5.2 技术应用

电生物耦合技术最早可追溯到20世纪后期，Mellor等[57]首次公开发表了以电生物耦合的方法实现了将氨氮转化为氮气，从而达到去除氨氮的目的，使氨氮、NO_x^-的去除率分别达到95%和85%以上。之后，国内外不断有研究人员利用该技术处理水中各种污染物，并取得了较好的效果。

针对高寒牧区融雪水的水质特征（表4.5），采用电-生物耦合过滤技术，在水温5～15℃、滤速0.2m/h、电压10V的工况下，电-生物耦合过滤装置使高寒牧区融雪水的浊度、高锰酸盐指数、氨氮、UV_{254}的平均去除率分别达到97.66%、61.11%、91.67%、72.94%。相比于传统生物慢滤，该技术的高锰酸盐指数、氨氮、UV_{254}的平均去除率分别提高了36.38%、39.63%、38.20%。通过三维荧光光谱分析发现色氨酸类蛋白、富里酸和胡敏酸类腐殖质都得到了有效去除。

表4.5 高寒牧区融雪水水质特征

检测项目	高寒牧区水质	《生活饮用水卫生标准》(GB 5749—2022)的要求
浊度/NTU	10～50	1
温度/℃	1～20	—
pH值	8.2～8.6	6.5～8.5
电导率/(μS/cm)	250～350	—
溶解氧/(mg/L)	5～8	—

续表

检测项目	高寒牧区水质	《生活饮用水卫生标准》（GB 5749—2022）的要求
氨氮/(mg/L)	0.07～0.87	0.5
UV_{254}/cm^{-1}	0.050～0.110	—
高锰酸盐指数/(mg/L)	2.5～10	3

4.2.5.3 适用范围

电生物耦合技术适用于水质相当于地表水Ⅱ～Ⅲ类水的融雪水处理。高寒牧区供水保障困难，极大依赖融雪水作为饮用水水源。该地区融雪水中主要存在的污染物为有机物、含氮化合物和微生物，并且呈现出间歇性、时发性超标的特点，雨季期间超标较为严重，在夏季会出现短暂高浊，冬季表现为低温低浊。

4.2.6 光催化消毒技术

4.2.6.1 技术简介

光催化消毒技术作为一种高效、安全、绿色的技术，催化氧化过程通过光照激发半导体光催化剂产生电子空穴，随后与水分子结合形成具有强氧化能力的羟基自由基（·OH）和活性氧物质（$\cdot O_2^-$，H_2O_2），可以高效杀灭水体中的病原微生物。并利用光子诱导产生的强氧化性空穴或反应生成的羟基自由基分解破坏微生物的细胞壁、细胞膜甚至膜内细胞质及遗传物质等[58-59]，直至将其彻底分解为二氧化碳和过氧化氢等无毒害作用的无机产物，最终导致微生物的彻底死亡[60]。此外，光催化消毒技术所涉及的纳米催化剂［如二氧化钛（TiO_2）等］可以在光催化过程中穿透细胞进行反应，造成细胞裂解死亡，从而达到光催化消毒效果[61]。

4.2.6.2 技术运用

Matsunaga等[62]研究发现光催化剂接触到微生物细胞并暴露在紫外线下60～120min时，可将水中的微生物细胞杀灭，并提出在光催化反应过程中产生的自由基氧化降解辅酶A可能是细菌失活的主要原因。Zhou等[63]采用纳米浇铸与光辅助还原相结合的方法制备了有序介孔Ag/CeO_2纳米复合材料，能够完全杀灭大肠杆菌。黄利强等[64]研究发现，纳米二氧化钛对大肠杆菌、嗜水气单胞菌和鳗弧菌有光催化抑杀性能，但水中的有机物含量会影响光催化的消毒效果。光催化同样对病毒有着一定的灭活作用，李娟红等[65]采用光催化灭活病毒的实验发现，二氧化钛光催化对乙肝病毒在20min内的杀灭率达到了43.43%。

光催化的不断发展拓宽了水消毒技术领域，绿色、高效的光催化剂的开发也使得基于太阳光光源的光催化技术不断突破。高寒牧区光照充足，为光催化技术在高寒牧区水处理工艺中的应用提供了条件。

4.2.6.3 适用范围

高寒牧区自然环境为光催化消毒技术提供了适宜的条件，使其有着较好的现实意义。

光催化消毒技术推荐进水水质为：浊度不大于3NTU，色度不大于15度，高锰酸盐指数不大于3mg/L。

4.3 推荐处理工艺

4.3.1 混凝沉淀-超滤-紫外消毒组合工艺

4.3.1.1 工艺净水机理

原水中的有机污染物，尤其是溶解性有机物（DOM），被截留在膜过滤过程中会引起膜污染，该问题是膜技术运用在水处理单元上所面临的最大问题。其表现为跨膜压差上升或者膜通量的衰减，进而需要频繁地反冲洗乃至更换新膜，提高制水成本[66-67]。如何减少膜进水中有机污染物、缓解膜污染，成为饮用水处理中应用膜处理技术的关键问题。研究表明，混凝沉淀工艺可以有效地去除水中的胶体粒子和部分有机污染物，其与膜处理技术的结合有着较好的适配性。

混凝沉淀-超滤-紫外消毒组合工艺（图4.3）通过在常规处理技术的基础上增设膜处理单元，以实现对高寒牧区水源水中污染物的有效去除。强化混凝是在投加过量混凝剂、助凝剂或者其他药剂的基础上，使得常规工艺尽可能多地去除水中的有机污染物和消毒副产物前体，降低后续膜组件的膜污染风险。此外，通过膜过滤技术，可进一步去除水中的有机污染物、微生物等，实现融雪水的净化。

图 4.3 混凝沉淀-超滤-紫外消毒组合工艺流程图

4.3.1.2 工艺适用条件

混凝沉淀-超滤-紫外消毒组合工艺适用于人口密度低、用水量不大、供水管理维护技术力量薄弱的地区，适合处理浊度、微生物、有机物含量超标的饮用水水源，类似于《地表水环境质量标准》（GB 3838—2002）中规定Ⅱ～Ⅲ类水水质的融雪水水源。

混凝沉淀-超滤-紫外消毒组合工艺适用水质见表 4.6。

表 4.6 混凝沉淀-超滤-紫外消毒组合工艺适用水质

指 标	浊度 /NTU	色度 /度	高锰酸盐指数 /(mg/L)	氨氮 /(mg/L)
范围	＜200	＜80	＜4.0	＜0.5

4.3.1.3 工艺运行效果

崔俊华等[68] 在处理珠江某支流微污染水源水时发现，混凝有助于减缓超滤膜污染，处理后的水浊度能够维持在 0.1NTU 以下，不受进水水质变化的影响，而且增加混凝剂的用量能够提高高锰酸盐指数的去除率，组合工艺处理后的水质比单独超滤出水水质有明显的提升。此外，陈益清等[69] 发现聚合氯化铝的投加能够有效控制膜出水中的颗粒数，提高可溶性有机碳（DOC）的去除率，并在超滤膜上形成较为松散的滤饼层，以降低滤阻，减少不可逆的膜污染。Liu 等[70] 发现混凝剂两级投加的方式有助于形成不规则和较低密度絮体，导致滤饼层孔隙率大于普通的单级投加，有助于减少膜污染。吴亚慧[71] 采用混凝沉淀-超滤-紫外消毒组合工艺处理饮用水，发现沉淀池出水直接进入超滤膜系统，可以大幅降低浊度，且超滤膜对浊度的平均去除率在 95%以上，出水浊度确保在 0.1NTU 以下，能够有效去除包括隐孢子虫、贾第鞭毛虫、细菌和病毒在内的微生物，显著提高饮用水的微生物安全性。袁文璟[43] 采用混凝沉淀-超滤工艺对浊度、固体悬浮物（SS）、色度、总磷均有良好且稳定的净化效能。

以上研究结果表明，混凝沉淀-超滤组合工艺在饮用水处理中不但能够有效保证出水的浊度和色度，而且对水中大部分天然有机物、人工合成有机物、消毒副产物、无机污染物和生物高聚物均有良好的去除效果。

4.3.1.4 工艺前景分析

混凝沉淀-超滤-紫外消毒组合工艺以超滤膜为核心，辅以混凝沉淀预处理技术及紫外消毒技术，在保证较高出水水质前提下，具有能耗低的特点。经过混凝沉淀后，原水逐一通过膜单元以及紫外等处理单元，实现对原水中浊度、有机物以及大肠菌群的去除。该工艺符合易维护、便携度高、运行能耗较低、运行成本低的设备运行要求，可以较好地解决高寒牧区融雪水中存在的浊度与大肠菌群超标现象。

4.3.2 电絮凝-电生物过滤-紫外消毒工艺

4.3.2.1 工艺净水机理

电絮凝-电生物过滤-紫外消毒工艺的核心是通过电场作用，实现絮凝和生物过滤的目的。电絮凝的原理是将金属电极（铝或铁）置于被处理的水中，连接直流电，通电后金属极板发生电化学反应，阳极溶解产生的金属离子（Mn^{+}）水解而发生混凝或絮凝作用，之后其反应过程类似于化学絮凝。电生物过滤系统是通过在生物慢滤中构建电场，提高参加电化学反应的分子或离子的活性，优化滤料表面生物膜中生物种群分布，发生微生物胁迫作用，以高效降解水中的污染物。电化学氧化作用使部分难生物降解物质氧化为易生物降解物质，从而被微生物去除[72]。紫外消毒单元通过紫外线照射，灭活微生物，保障出水生物安全性。电絮凝-电生物过滤-紫外消毒工艺流程如图4.4所示。

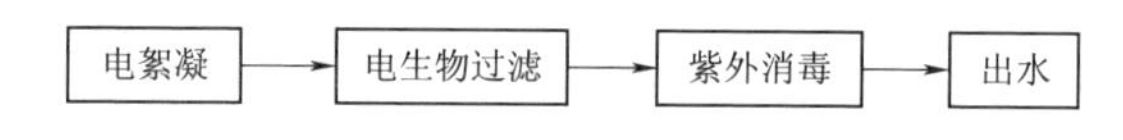

图4.4 电絮凝-电生物过滤-紫外消毒工艺流程图

4.3.2.2 工艺适用水质

电絮凝-电生物过滤-紫外消毒工艺适用于存在间歇性氨氮、有机物超标和夏季短暂浊度超标等问题的高寒牧区水源水。

电絮凝-电生物过滤-紫外消毒工艺适用水质见表4.7。

4.3.2.3 工艺运行效果

采用电絮凝-电生物过滤-紫外消毒工艺对甘肃省甘南藏族自治州高寒牧区融雪水进行水质处理，该工艺对原水中浊度、氨氮、高锰酸盐指数、氨氮以及大肠杆菌的去除率分别为 96%～99%、90%～96%、55%～65%、100%，进出水水质见表 4.8。

表 4.7　　电絮凝-电生物过滤-紫外消毒组合工艺适用水质

指　标	浊度 /NTU	色度 /度	高锰酸盐指数 /(mg/L)	氨氮 /(mg/L)
范围	<50	<75	<6	<1.5

表 4.8　　电絮凝-电生物过滤-紫外消毒工艺对融雪水处理效果

指　标	原水水质	出水水质	去除率
浊度	10～50NTU	0.2～0.5NTU	96%～99%
氨氮	0.2～0.7mg/L	0.01～0.20mg/L	90%～96%
高锰酸盐指数	2.8～4.0mg/L	1.2～2.10mg/L	55%～65%
大肠杆菌	10^1～10^4 个/mL	未检出	100%

4.3.2.4　工艺前景分析

电絮凝-电生物过滤-紫外消毒工艺以电生物过滤技术为核心，辅以电絮凝预处理技术及紫外消毒技术，有效地应对了高寒牧区融雪水中季节性高浊、可生物降解性有机污染物污染以及微生物污染等问题，降低了水处理成本，保障了出水水质。

电生物过滤技术通过电化学作用和生物作用的互补融合，提高了滤料表面微生物活性，优化了微生物种群分布，加快了微生物对污染物的去除速率，较好地应对了牧区常年低温导致的水处理微生物活性低的问题。同时结合电化学过程中析氧、电子迁移、产热等反应进一步促进微生物高效降解水中污染物，对高寒牧区融雪水水质处理技术开发方面有着较好的前景。

4.3.3　混凝沉淀-臭氧/生物活性炭过滤-超滤-紫外消毒组合工艺

4.3.3.1　工艺净水机理

混凝沉淀-臭氧/生物活性炭过滤-超滤-紫外消毒组合工艺是在混凝沉淀去除浊度及胶体颗粒的基础上增设了臭氧生物活性炭单元和超滤单元。该工艺是结合臭氧氧化、活性炭吸附、生物降解、膜过滤以及紫外消毒为一体的深度处理技术，工艺流程如图 4.5 所示[73]。该工艺核心是臭氧/生物活性炭处理单元，利用臭氧氧化作用，使水中有机污染物和其他还原性物质初步氧化分解，降低生物活性炭单元的有机负荷。同时，在臭氧的氧化作用下，水中的难降解有机污染物进一步发生断链、开环反应，氧化降解成小分子有机物，提高了原水的可生化性和可吸附性，延长了生物活性炭单元的使用寿命。此外，水中臭氧的自分解过程为生物活性炭单元提供了充足的溶解氧，促进了好氧微生物的生长繁殖，使其充分利用活性炭所吸附的有机物，进一步进行生物氧化作用[74]。

图4.5 混凝沉淀-臭氧/生物活性炭过滤-超滤-紫外消毒组合工艺流程图

组合工艺主要从以下几个方面发挥净水作用：

(1) 在混凝沉淀的作用下，去除了原水中的大部分胶体颗粒及微生物，降低了后续单元的处理负荷。

(2) 有机污染物、氨氮等在臭氧生物活性炭单元去除，降低有机污染物风险及消毒风险。

(3) 超滤膜单元截留了臭氧活性炭单元流出的污染物，保障出水水质。

(4) 紫外消毒技术有效的对水中残余的细菌及微生物进行灭活，降低了饮用水的微生物风险。

该组合工艺表现出了良好的互补性，对高寒牧区水源水中多种污染物实现了有效净化。

4.3.3.2 工艺适用水质

絮凝沉淀-臭氧/生物活性炭过滤-超滤-紫外消毒组合工艺对长期存在有机物、微生物污染以及季节性高浊问题的高寒牧区水源水具有良好的适配性，推荐该工艺的适用水质见表4.9。

表4.9 絮凝沉淀-臭氧/生物活性炭过滤-超滤-紫外消毒组合工艺适用水质

指 标	浊度/NTU	色度/度	高锰酸盐指数/(mg/L)	氨氮/(mg/L)
范围	≤200	≤100	≤7	≤1.5

4.3.3.3 工艺运行效果

混凝沉淀-臭氧/生物活性炭过滤-超滤-紫外消毒组合工艺的处理效果

参考了吴亚慧[71]的研究，该研究在常规混凝沉淀处理工艺上增设臭氧生物活性炭及超滤工艺，对污染物的处理效果见表4.10。在此工艺基础上增设紫外消毒工艺，能够彻底灭杀水体中的微生物，保障出水安全。

表4.10 絮凝沉淀-臭氧/生物活性炭过滤-超滤组合工艺对污染物的处理效果[71]

指标	进水水质	出水水质	出水水质平均值	去除率
浊度	2.25～4.04NTU	0.044～0.055NTU	0.049NTU	97.64%～98.92%
氨氮	0.24～0.42mg/L	0.034～0.124mg/L	0.08mg/L	63.78%～87.75%
高锰酸盐指数	1.46～1.58mg/L	0.66～0.77mg/L	0.72mg/L	50.2%～54.95%
颗粒数	1621～4575mg/L	3～69mg/L	26mg/L	98.03%～99.93%

4.3.3.4 工艺前景分析

由于畜牧业的影响导致高寒牧区水源水中有机污染物超标，且由于兽药的集中使用，常出现难降解有机污染物超标现象。混凝沉淀-臭氧/生物活性炭过滤-超滤-紫外消毒组合工艺是一种理想的水处理工艺，但臭氧费用高且利用率低等问题是限制其发展的重要因素之一。对于高寒牧区的饮用水处理发展情况，应该有针对性地选择该工艺。针对污染严重、人口集中、供水需求大的地区，选择该工艺进行水质净化，可提高高寒牧区居民饮水安全的保障率。

4.3.4 砂滤-超滤-低压纳滤-紫外消毒工艺

4.3.4.1 工艺净水机理

砂滤-超滤-低压纳滤-紫外消毒工艺以纳滤膜处理单元为核心，砂滤去除原水中的悬浮物和胶体物质，再通过超滤膜单元处理砂滤出水中的大分子有机物质、细菌，最后通过纳滤膜单元去除水中的无机盐离子，有效解决了由于融雪水与地下水混合所造成的无机盐离子超标现象，其工艺流程如图4.6所示。

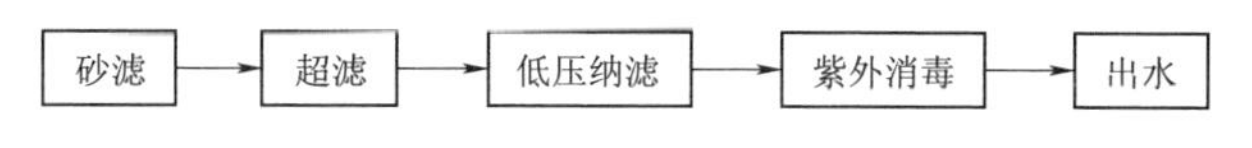

图4.6 砂滤-超滤-低压纳滤-紫外消毒工艺流程图

低压纳滤膜与传统纳滤膜机理一致，以压力为驱动力，去除多价离子、部分一价离子和相对分子质量为200～1000Da的有机物等[57]。与传统纳滤膜相比，由于低压纳滤具有较大的孔径与荷电基团（如磺胺基团和季铵基团），使其拥有操作压力低、出水水质好和无机盐离子、有机物、病毒分离效果好等优势。

4.3.4.2 工艺适用条件

砂滤-超滤-低压纳滤-紫外消毒工艺适用于我国水资源稀少、产水量要求较大的偏远地区和因高寒牧区融雪水进入地下水系统以及熔岩所引起的地下水中浊度、含盐量超标的水源，适用于供水管理维护技术力量薄弱、原水水质条件复杂、对供水水质要求相对较高的集中或分散式供水点等地区。砂滤-超滤-低压纳滤-紫外消毒工艺适用水质见表4.11。

表4.11 砂滤-超滤-低压纳滤-紫外消毒工艺适用水质

指　标	范围	项　目	范围
浊度/NTU	≤15	NO_3^-/(mg/L)	≤30
高锰酸盐指数/(mg/L)	≤4	F^-/(mg/L)	≤3
总溶解性固体/(mg/L)	≤2500	SO_4^{2-}/(mg/L)	≤1000

4.3.4.3 工艺运行效果

针对高寒牧区饮用水源中存在的硫酸盐、氟化物或硝酸盐污染较为严重的现实难题，研究砂滤-超滤-低压纳滤-紫外消毒工艺的去污效果。在综合考虑系统回收率、脱盐率以及结垢理论预测的变化趋势下，通过对两种膜（NF270、NF90）的研究结果表明：两种膜的最优操作压力应控制在0.5MPa，最佳进水流量应控制在350L/h左右。在该条件下，NF270纳滤膜表现出较好的去污性能，对SO_4^{2-}、F^-、Cl^-的去除率分别为99.42%、81.69%、34.65%；NF90纳滤膜表现出更优异的去污性能，对SO_4^{2-}、F^-、Cl^-、NO_3^-的去除率分别为99.76%、98.16%、96.31%、84.66%。

4.3.4.4 工艺前景分析

砂滤-超滤-低压纳滤-紫外消毒工艺，以低压纳滤为核心，辅以砂滤、超滤作为预处理，有效截留水中大颗粒污染物，吸附部分污染物，减少后续膜处理系统的污染物负荷；超滤工艺对颗粒物、大分子有机物及微生物污染具有较强的去除效果，可以为低压纳滤创造更好的工况条件；低压纳滤工艺对天然有机物、无机盐离子均表现出良好的截留特性，且运行成本低，较好地解决了高寒牧区融雪水中存在无机盐离子污染现象。

随着进一步提高高寒牧区融雪水的饮用要求，超滤、纳滤等膜处理技术展现出更多优点，较好地解决了常规工艺无法解决的污染难题，缓解了因资源紧张、环境污染所带来的困扰。

未来膜处理技术必将成为饮用水深度处理的主流工艺，但膜过滤所存在的膜污染、工艺技术不够成熟等问题仍亟待解决，需要在简化工艺、提高出水稳定性等方面进一步完善。

4.4 应用示范

4.4.1 示范点概况

砂滤-超滤-低压纳滤-紫外消毒融雪水净化示范点位于青藏高原，海拔大于 5000m，植被较少，空气稀薄。冬季室外气温低于－20℃，河湖冻结，沟溪水断流或水量急剧下降，雨季水量较为充沛，但是雨水冲刷地表土壤随径流进入水中，使浅层地下水出现了无机盐离子超标现象，其水质指标见表 4.12。居民日常生活取水极其不便，同时还存在着供水安全风险。

表 4.12 示范点融雪水水质指标

参数	数值	参数	数值
水温/℃	19.5±1	pH 值	8.0±0.05
总溶解性固体/(mg/L)	1351～1372	Eh/mV	110～150
Ca^{2+}/(mg/L)	136.17～142.21	SO_4^{2-}/(mg/L)	611.86～629.35
Mg^{2+}/(mg/L)	58.55～60.76	NO_3^-/(mg/L)	25.83～26.71
Na^+/(mg/L)	184.04～191.85	F^-/(mg/L)	2.13～2.18
K^+/(mg/L)	31.67～33.32	Cl^-/(mg/L)	96.67～101.03
HCO_3^-/(mg/L)	187.9～208.41	CO_3^{2-}/(mg/L)	1.03～1.15

4.4.2 设计规模与目标

(1) 设备设计目标：满足示范点的日常生活饮水安全。

(2) 设备产水水质：装置以实现饮用水水质达到《生活饮用水卫生标准》(GB 5749—2022) 及装置自动化控制为目标。

4.4.3 处理工艺研究

4.4.3.1 可行性分析

针对地下水中硫酸盐、氟化物或硝酸盐污染严重的问题，提出了复合介质过滤-低压纳滤技术。以低压纳滤工艺为核心的水处理设备有效地净化了水中的污染物，保障了居民的饮水安全。此外，以膜处理为核心的水处理技术实现了装置小型化、操作简单化以及高效节能等优点，适合于示范点生活饮用水处理。

4.4.3.2 处理工艺流程

针对示范点附近地下水受硫酸盐、氟化物或硝酸盐污染较为严重的现实难题，重庆大学以产水达标饮用为目的，提出以纳滤为核心的地下水除盐工艺，保障居民的饮用水供水安全。

原水进入装置原水箱后，经原水泵加压，先后经过砂滤过滤器、活性炭过滤器、保安过滤器和超滤膜后进入中间水箱，再通过纳滤膜组件错流过滤，经过紫外消毒处理后进入产水箱。砂滤-超滤-低压纳滤-紫外消毒工艺设备整体外观和流程如图 4.7 和图 4.8 所示。

图 4.7 砂滤-超滤-低压纳滤-紫外消毒工艺设备整体外观图

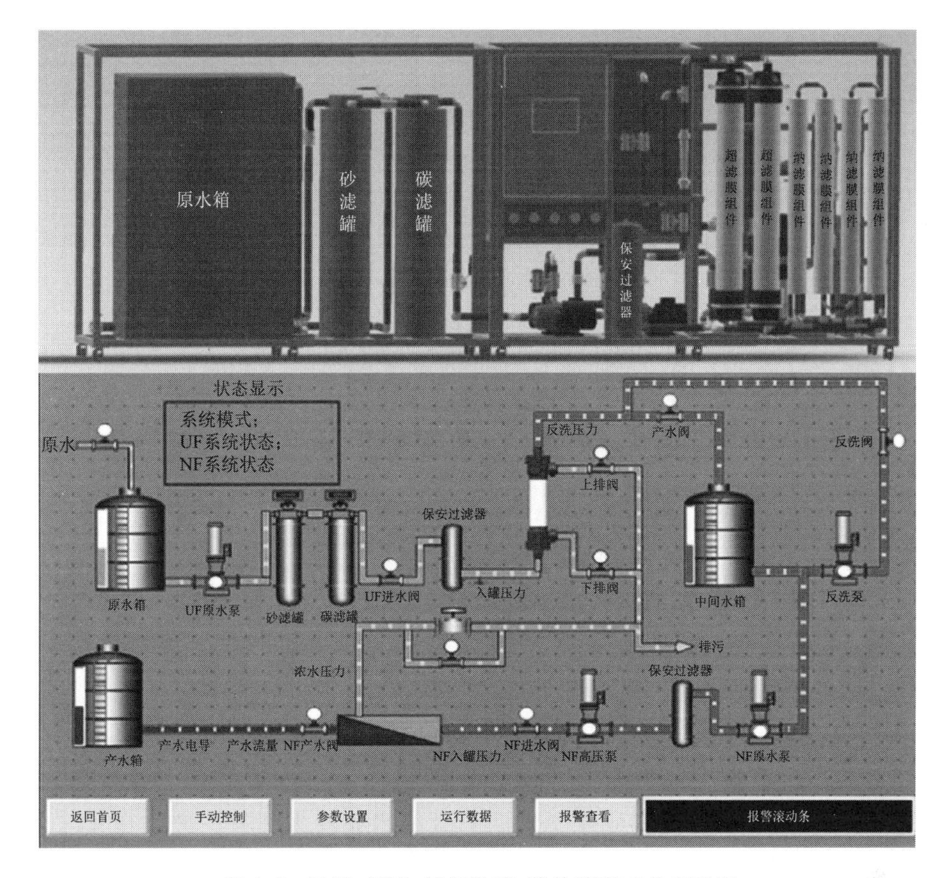

图 4.8 砂滤-超滤-低压纳滤-紫外消毒工艺流程图

装置以低压纳滤为处理核心工艺，能满足大部分人的健康饮水需求，辅以预处理-超滤工艺，在有效截留水中大颗粒污染物、去除有机物及微生物的同时，减轻纳滤膜去除污染物负荷，延长装置使用寿命。同时装置搭载智能化控制系统，融入全过程监测预警功能，装置运行、操作、维护均为一键式操作，实现装置自动产水、反冲和运行信息、水质信息的实时分析，解决偏远地区水处理缺乏专业技术人员的问题。

4.4.3.3 工艺参数优化

采用 NF90 和 NF270 商业纳滤膜组件，根据地下水水质特征，以纳滤为核心开展参数优化研究。参数优化实验装置如图 4.9 所示。

1. 进水流量对纳滤产水效能的影响

膜通量和回收率随进水流量的变化如图 4.10 所示。在进水含盐量增

图 4.9 参数优化实验装置图

加的情况下，NF270 纳滤膜的高通量优势进一步凸显，NF270 膜通量约为 NF90 膜的 1.5 倍，而纯水进水条件下为 1.3 倍。进水流量小于 400L/h 时，两种的回收率随进水流量增大而下降的趋势较为明显；进水流量大于 400L/h 时，回收率的下降趋势变缓且两种膜之间回收率的差距逐渐缩小。

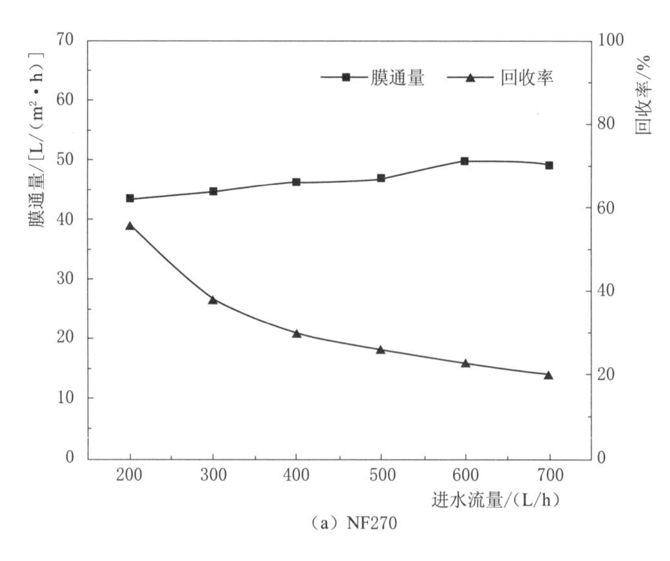

(a) NF270

图 4.10（一） 膜通量和回收率随进水流量的变化

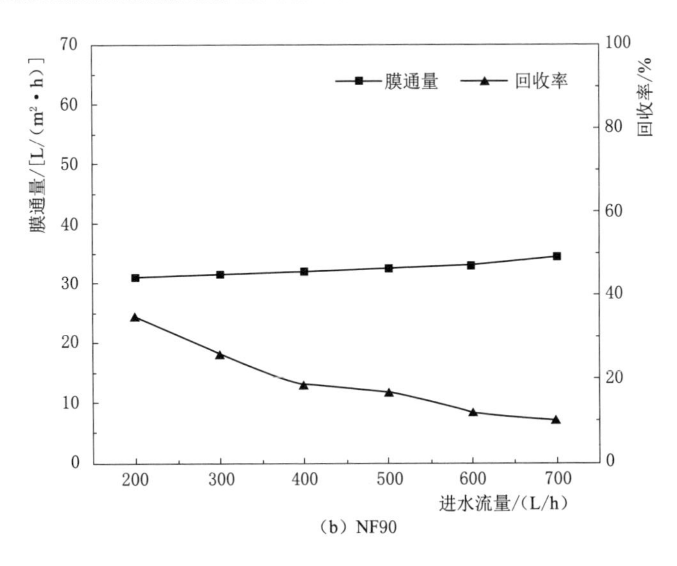

(b) NF90

图 4.10（二） 膜通量和回收率随进水流量的变化

电导率和总溶解性固体（total dissolved solids，TDS）值随进水流量的变化如图 4.11 所示，整体看来，进水流量增加均有利于产水电导率和 TDS 的降低，可提高产水水质，超过 400L/h 后产水水质较为稳定。NF270 纳滤膜产水电导率值和 TDS 值稳定在 520μs/cm 和 270mg/L 左右；NF90 膜的产水电导率值和 TDS 值稳定在 46.3μs/cm 和 22mg/L 左右。两种膜的产水电导率值和 TDS 值均能满足《生活饮用水卫生标准》(GB 5749—2022) 的要求。

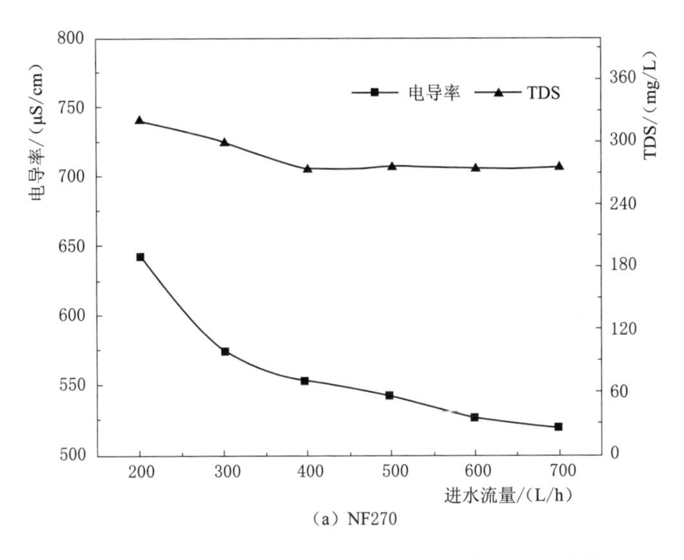

(a) NF270

图 4.11（一） 电导率和 TDS 值随进水流量的变化

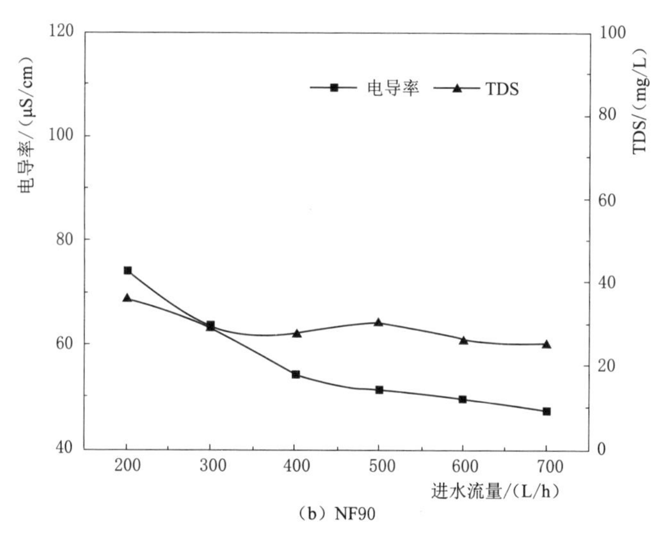

(b) NF90

图 4.11（二） 电导率和TDS值随进水流量的变化

阴离子去除率值随进水流量的变化如图4.12所示。随进水流量增大，NF270纳滤膜对SO_4^{2-}、F^-和Cl^-的去除率分别增加至99.58%、83.65%和38.70%，产水中浓度分别低于10mg/L、0.57mg/L和76.78mg/L。低压条件下NF270纳滤膜对硝酸盐的去除效果不明显，NF90纳滤膜的去除率可达到81.28%以上。分析结果可知，NF270和NF90两种膜对阴离子的去除率高低关系为：$SO_4^{2-}>F^->Cl^->NO_3^-$，通常来讲，离子半径和扩散系数越小，水合分子数量越多，水合离子半径越大，表明该离子越容易被膜截留。水合离子半径与扩散系数见表4.13。

表4.13　　水合离子半径和扩散系数表

离子类别	SO_4^{2-}	F^-	Cl^-	NO_3^-
水合离子半径/nm	0.397	0.362	0.332	0.340
扩散系数/($10^{-9}m^2/s$)	1.06	1.28	2.03	>2.03
离子半径/nm	0.230	0.136	0.181	0.189

阳离子去除率随进水流量的变化如图4.13所示，两种膜对阳离子的去除率高低关系为：$Mg^{2+}>Ca^{2+}>K^+>Na^+$。通常来讲，如果离子半径和扩散系数越小，水合分子数量越多，水合离子半径越大，表明该离子更容易被膜截留。水合离子半径和扩散系数见表4.14。

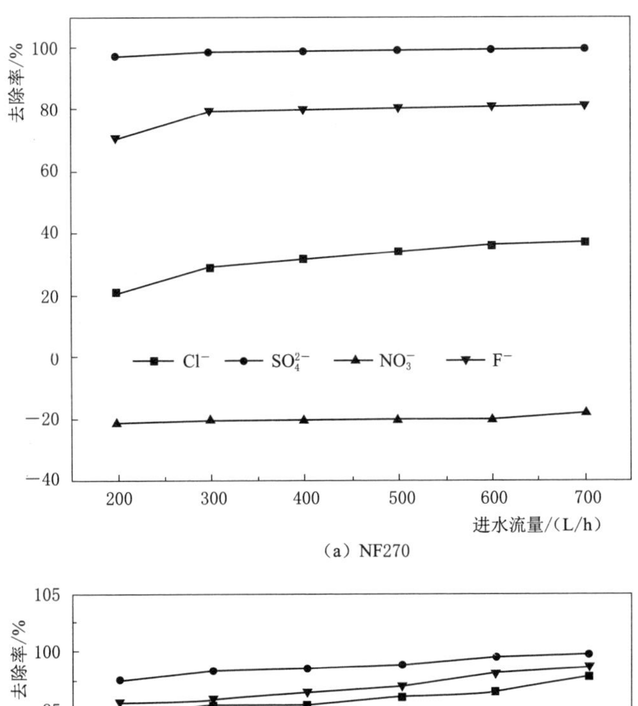

(a) NF270

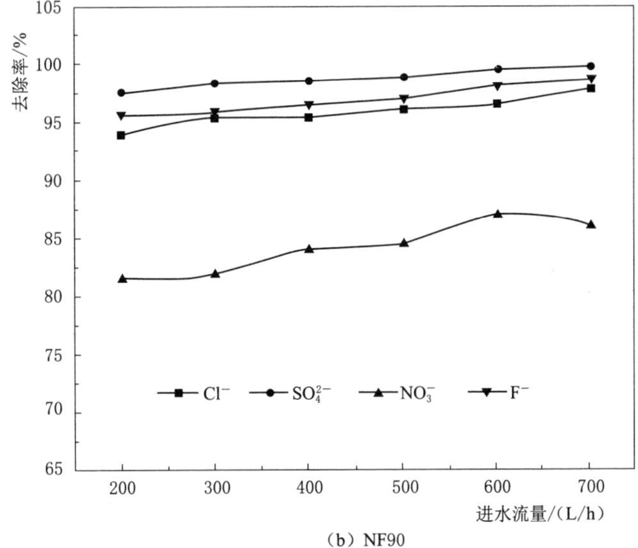

(b) NF90

图 4.12 阴离子去除率值随进水流量的变化

表 4.14 **水合离子半径和扩散系数表**

离子类别	Mg^{2+}	Ca^{2+}	K^{+}	Na^{+}
水合离子半径/nm	0.429	0.349	0.332	0.365
扩散系数/($10^{-9}m^2/s$)	0.79	0.75	—	1.35
离子半径/nm	0.074	0.099	0.149	0.095

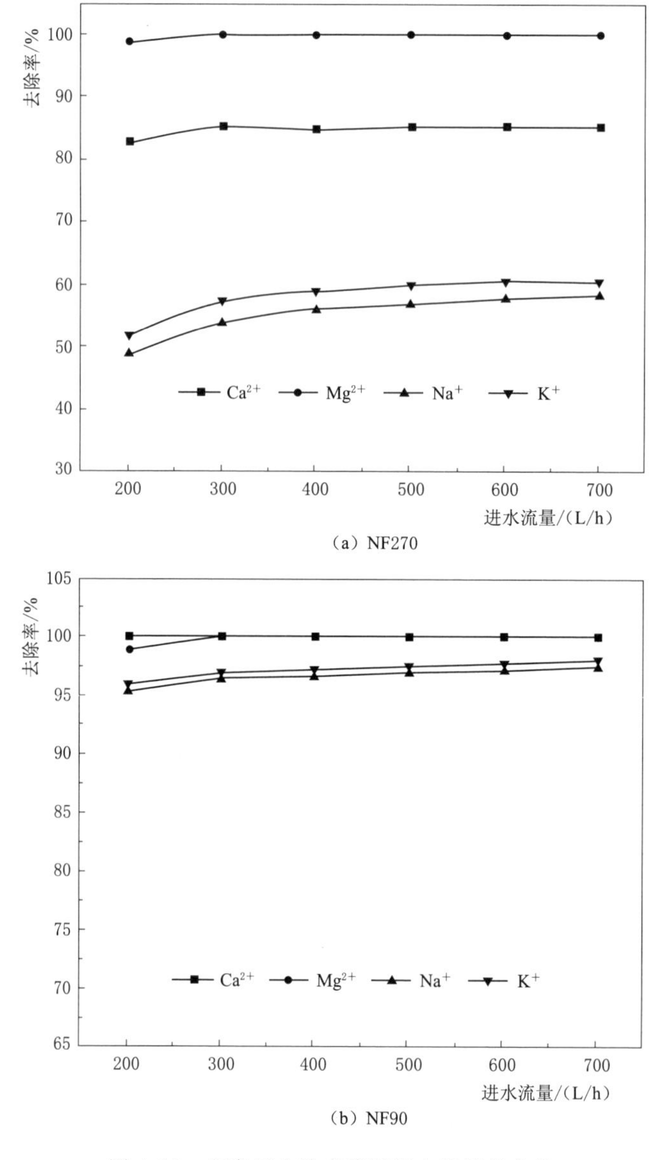

图 4.13 阳离子去除率值随进水流量的变化

浓水侧结垢趋势预测随进水流量的变化如图 4.14 所示。随进水流量的增加，浓水侧离子浓度降低，导致朗格利尔饱和指数（LSI）值下降。试验结果表明，浓水侧的 LSI>0，氟化钙饱和度值大于 1，而且与硫酸钙饱和指数趋势大致相似，说明原水在此操作工况下存在结垢的风险。

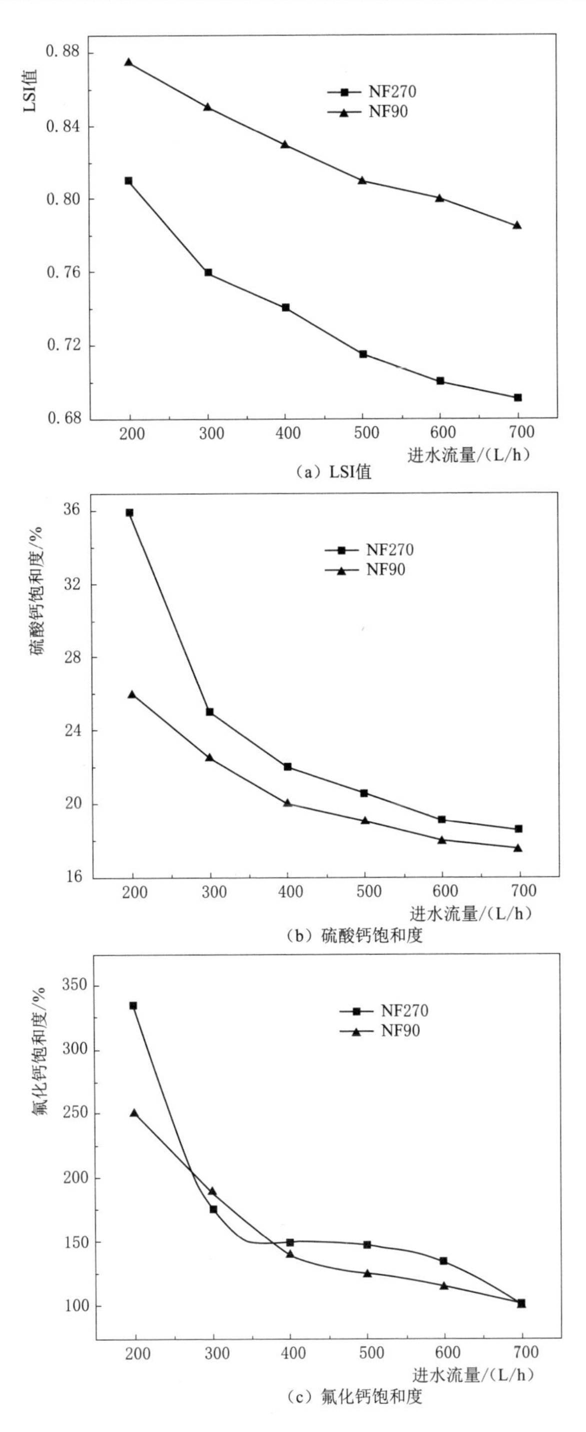

(a) LSI值

(b) 硫酸钙饱和度

(c) 氟化钙饱和度

图 4.14　浓水侧结垢趋势预测随进水流量的变化

2. 操作压力对纳滤产水效能的影响

膜通量和回收率随操作压力的变化如图 4.15 所示。随操作压力的增加而近似线性增长，由于膜面盐浓度增加，高压区通量增大趋势有所减缓。操作压力越大，两种膜的产水通量差距越大，可明显看出在增加相同压力值条件下，NF270 纳滤膜的通量优势更加突出。

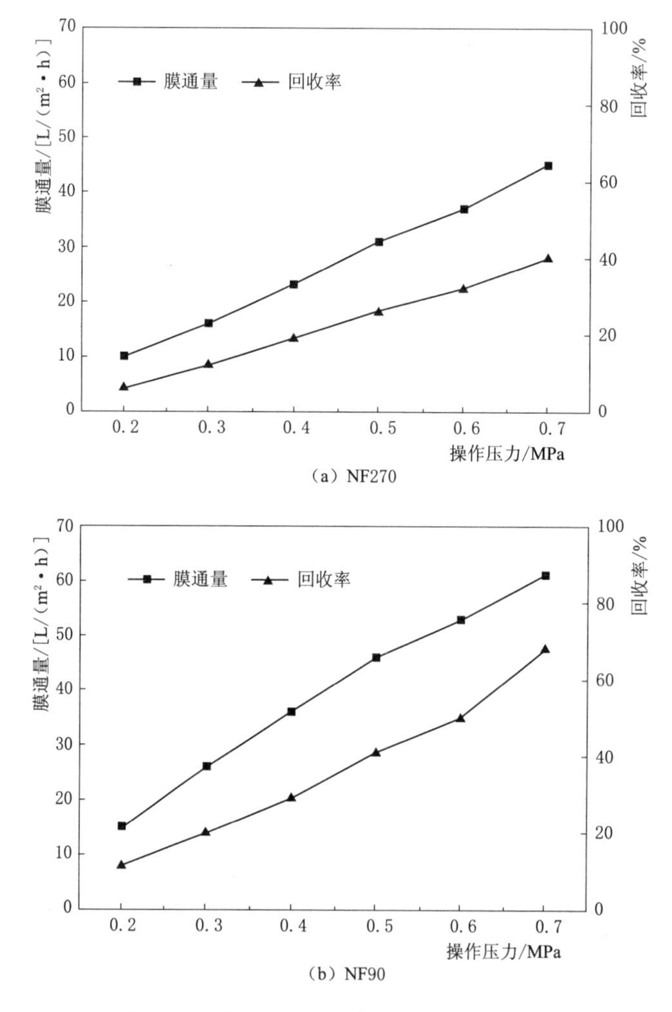

图 4.15 膜通量和回收率随操作压力的变化

电导率和 TDS 随操作压力的变化如图 4.16 所示。操作压力的升高有利于增加脱盐率，但超过 0.5MPa 后，纳滤膜产水电导率值和 TDS 值趋于稳定，NF270 纳滤膜恒定在 560μS/cm 和 310mg/L 左右，NF90 纳滤膜稳

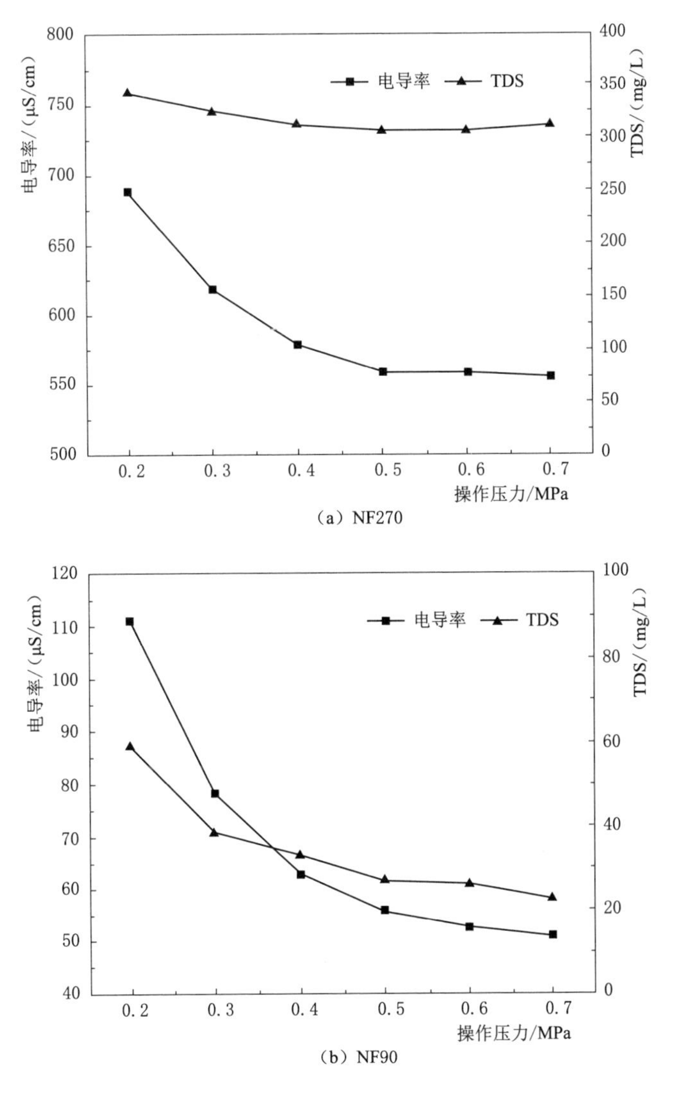

（a）NF270

（b）NF90

图 4.16 电导率和 TDS 随操作压力的变化

定在 52μS/cm 和 24mg/L 左右。

阴离子去除率随操作压力的变化如图 4.17 所示。随操作压力增大，NF90 纳滤膜对硝酸盐的去除率从 69.60%增加到 87.43%，浓度最低降至 3.27mg/L，然而在试验压力内 NF270 膜仍无法有效去除原水中的硝酸盐。两种纳滤膜对硫酸盐的去除效率均较好，均在 98%以上，产水硫酸盐值低于 11mg/L。

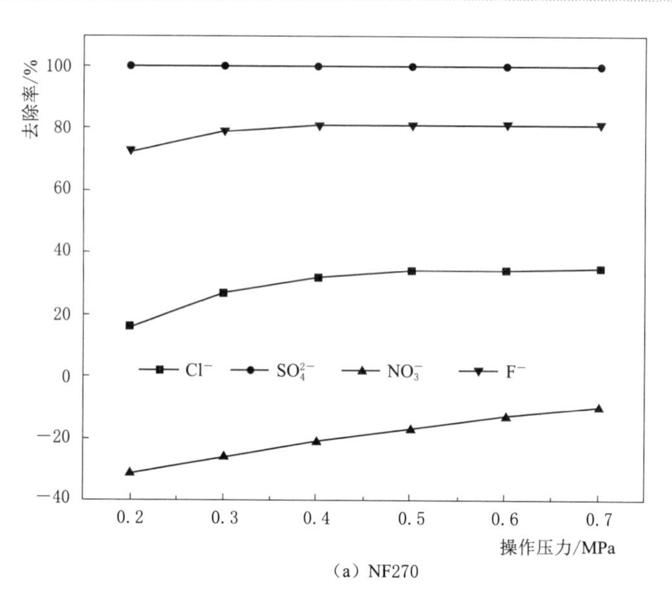

(a) NF270

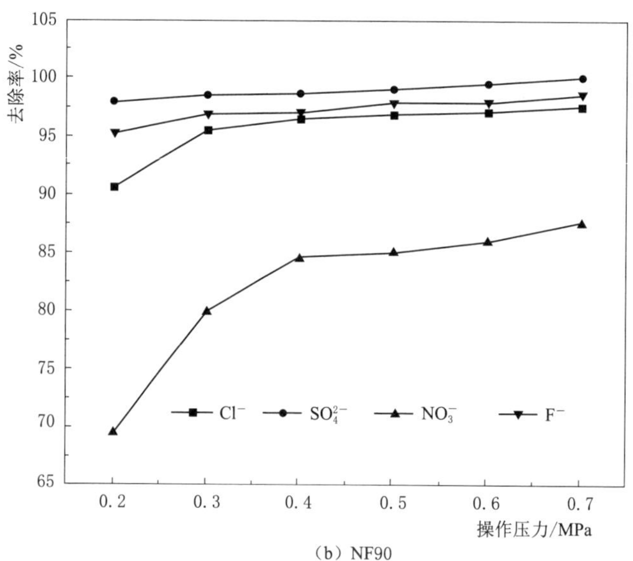

(b) NF90

图 4.17 阴离子去除率随操作压力的变化

阳离子去除率随操作压力的变化如图 4.18 所示。分析可知，两种膜对 Mg^{2+} 的去除效率差异不大，均在 97%以上。NF90 纳滤膜对 Ca^{2+} 的去除率比 NF270 高 15%左右。NF90 纳滤膜对 K^{+} 和 Na^{+} 的去除率也均比 NF270 纳滤膜高 40%以上，充分体现了 NF90 对水中一价离子也有较好的截留性能。

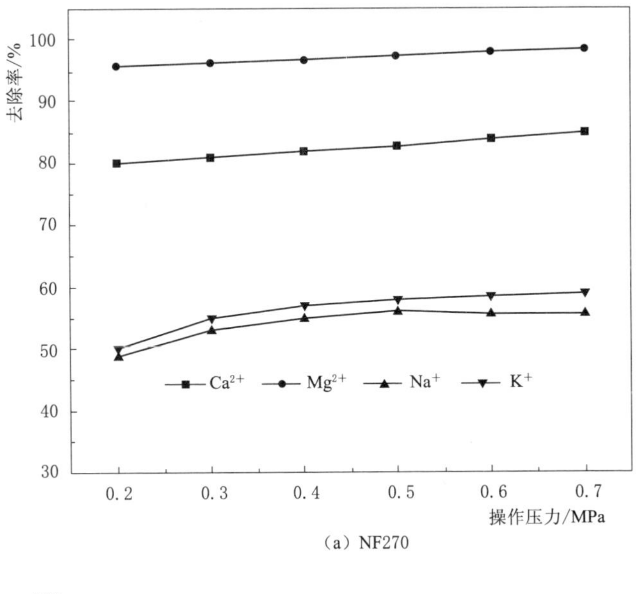

(a) NF270

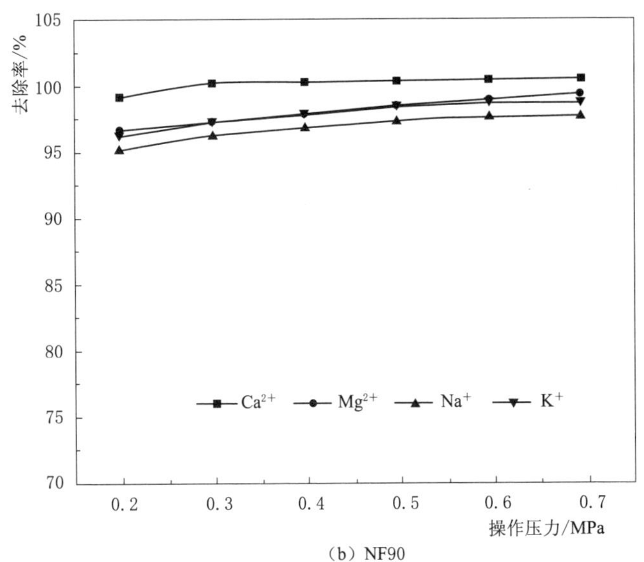

(b) NF90

图 4.18　阳离子去除率随操作压力的变化

浓水侧结垢趋势预测随操作压力的变化如图 4.19 所示。随着操作压力提高，纳滤膜浓水侧的 LSI 值逐渐上升，当操作压力超过 0.5MPa 后，浓水侧 LSI 值上升速率增大，表明在高压条件下，浓水侧更容易结垢。从图 4.19 中可以看出，操作压力越大，浓水侧硫酸钙饱和指数增加得越快。操作压力大于 0.4MPa 后氟化钙饱和指数增加速度逐渐增大。

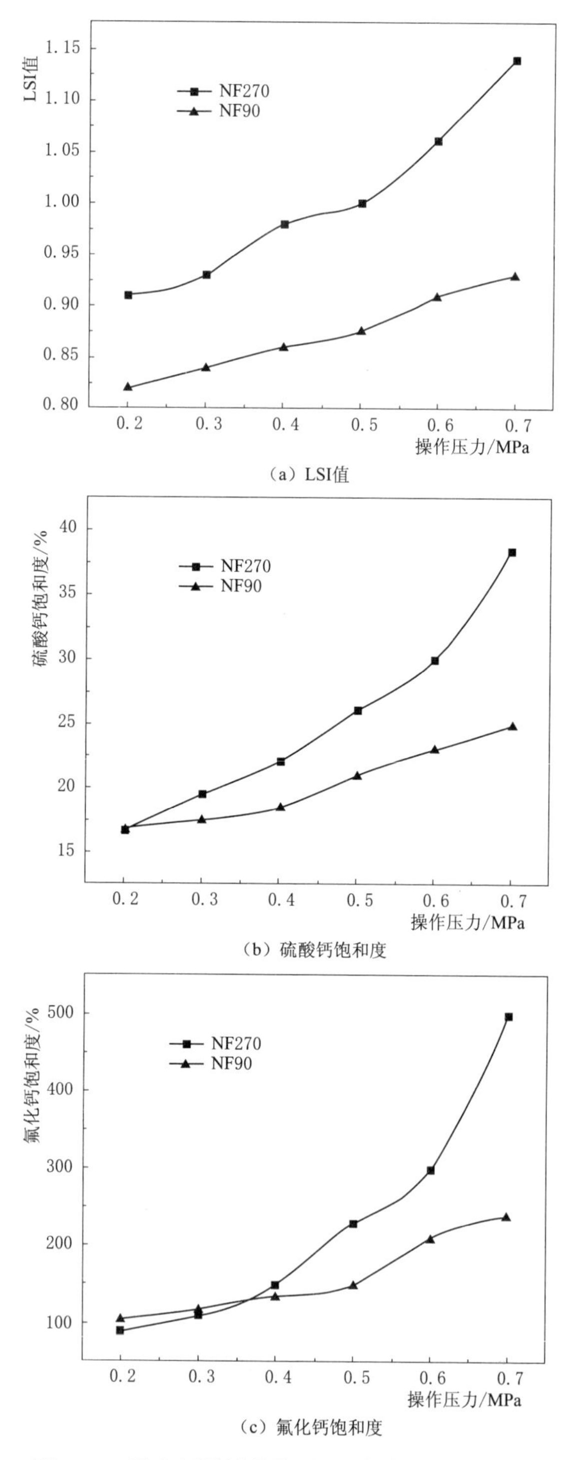

（a）LSI值

（b）硫酸钙饱和度

（c）氟化钙饱和度

图4.19 浓水侧结垢趋势预测随操作压力的变化

3. 离子分离选择性分析

不同纳滤膜截留一价离子、二价离子和离子选择性大小的对比如图4.20所示。NF90的阴、阳离子选择性参数均较大，表明对阴、阳离子的选择区分度均较低，具有广谱分离的特点。NF270的阳离子选择性参数较阴离子选择性更大，表明NF270膜对水中阴离子的选择区分度较高。

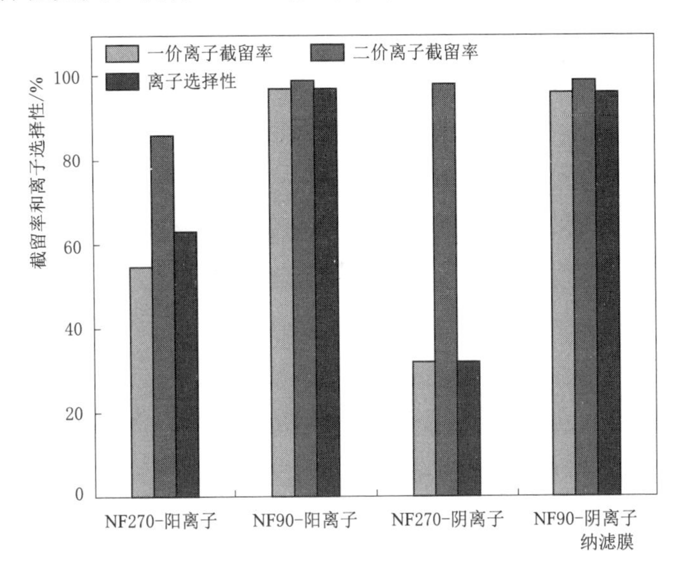

图4.20 不同纳滤膜截留一价离子、二价离子和离子选择性大小的对比

4. 原水水质适应性评价

两种膜对硫酸盐去除效能适应性如图4.21所示。NF270去除率均在99.5%以上，浓度均在5mg/L以下；NF90去除率更高，均在99.9%以上，浓度均在1.5mg/L以下。产水水质均满足标准，从膜通量上看，优选NF270膜。

两种膜对氯化物去除效能适应性如图4.22所示。NF270随进水浓度增加，出水浓度由82.53mg/L增加到394.44mg/L，后期超过标准限值250mg/L，因此进水氯化物浓度应该控制在300mg/L以内。NF90随进水浓度增加，出水浓度由3.3mg/L增加到18mg/L，出水氯化物水质参数均满足标准限值250mg/L。

两种膜对氟化物去除效能适应性如图4.23所示。NF270随进水浓度增加，截留率由71.92%降低至67.59%，浓度由0.56mg/L增加至

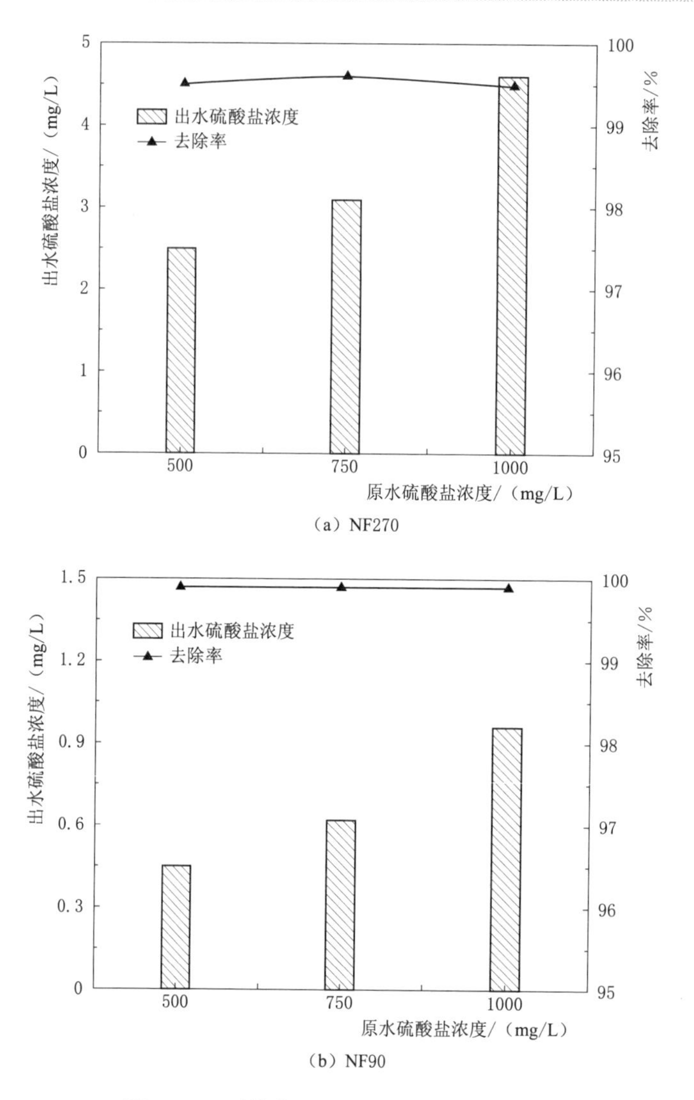

（a）NF270

（b）NF90

图4.21 两种膜对硫酸盐去除效能适应性

1.94mg/L，因此，进水氟化物浓度应该控制在3mg/L以内。NF90出水浓度由0.05mg/L增加至0.09mg/L，截留率均在97.3%以上，出水氟化物浓度完全满足标准限值1.0mg/L。

4.4.3.4 实际处理效果

某示范工程设备设计最大制水能力为1m³/h，有效保障了居民所需的水量，改善了居民的生活用水条件。以NF270为膜组件的低压纳滤工艺出水达到《生活饮用水卫生标准》（GB 5749—2022）的要求，出水水质良

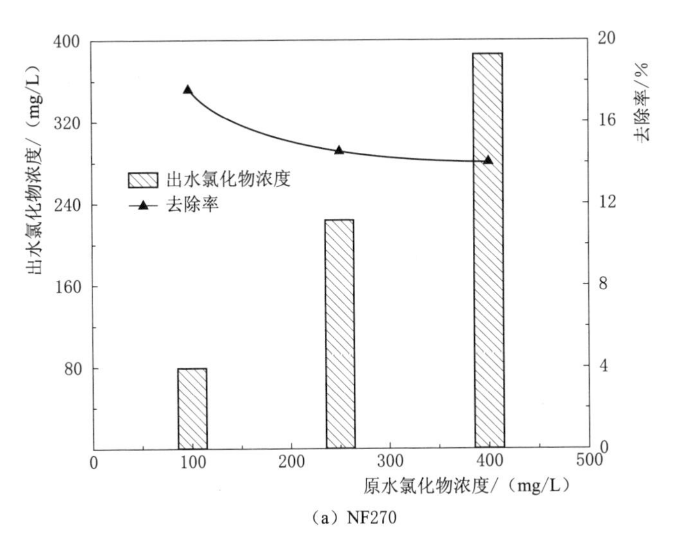

（a）NF270

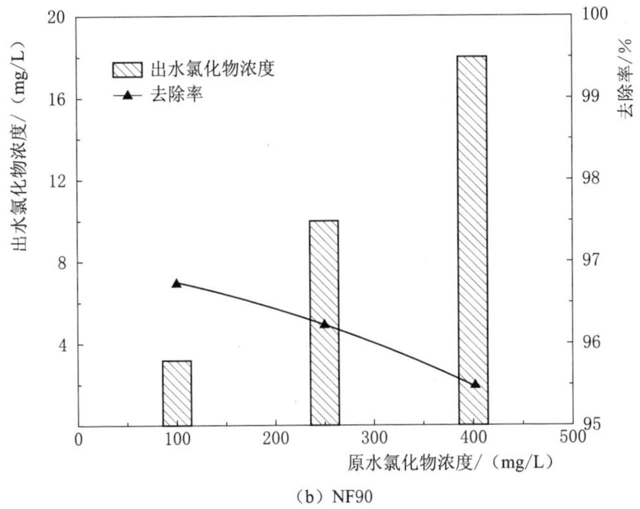

（b）NF90

图 4.22 两种膜对氯化物去除效能适应性

好，具体指标值见表 4.15 和表 4.16。

表 4.15 示范点出水水质参数表

工艺参数指标	具体参数	参考标准
掺混比例（原水：产品水）	1：1.5	《生活饮用水卫生标准》（GB 5749—2022）
膜堆回收率/%	42.31	
系统回收率/%	55.00	

续表

工艺参数指标	具体参数	参考标准
产水量/(L/天)	1980	《生活饮用水卫生标准》(GB 5749—2022)
产水 SO_4^{2-}/(mg/L)	246.5	
产水 F^-/(mg/L)	0.989	
产水 TDS/(mg/L)	556	

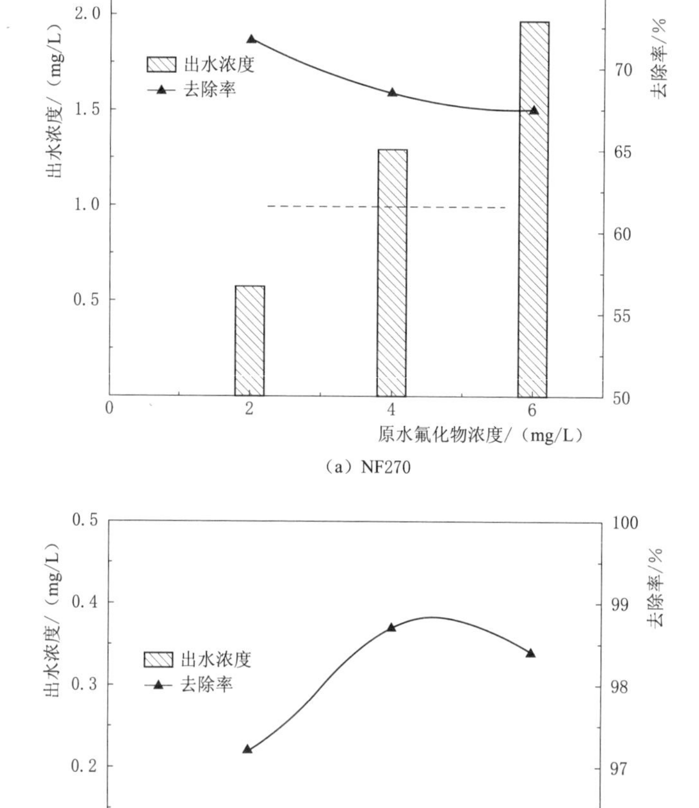

（a）NF270

（b）NF90

图 4.23 两种膜对氟化物去除效能适应性

表 4.16　　高寒区智能化供水装置超滤出水水质检验报告

序号	检测项目	单位	标准限值	检验结果
1	铁	mg/L	0.3	0.01878
2	锰	mg/L	0.1	0.00111
3	硫酸盐	mg/L	250	92.38
4	氯化物	mg/L	250	226.19
5	氟化物	mg/L	1.0	0.46
6	硝酸盐（以 N 计）	mg/L	10，水源限制时为 20	0.55
7	色度	度	15	5
8	浑浊度	NTU	1，水源限制时为 3	0.125
9	高锰酸盐指数（以 O_2 计）	mg/L	3，水源限制时为 5	2.51
10	溶解性总固体	mg/L	1000	602
11	总硬度（以 $CaCO_3$ 计）	mg/L	450	282.3
12	pH	无量纲	6.5～8.5	7.55
13	砷	μg/L	10	＜0.09

4.4.4 处理成本分析

运行过程中，每天运行 6h，共计产水 $6m^3$。高寒区智能化供水装置运行功率为 0.41kW，电费为 0.41 元，计算后取固定资产折旧费 0.58 元、管理费 0.46 元。总运行成本见表 4.17。

表 4.17　　某示范工程运行成本

项　　目	费用/元
电费(吨水)＝运行功率（0.41）×运行时长（6h）÷产能（$6m^3$/天）	0.41
固定资产折旧费	0.58
管理费	0.46
合计	1.45

经过计算，最佳工况下处理成本为1.45元/t。

4.4.5 运行管理与维护

4.4.5.1 设备水质监测及维护方法

1. 智能化目的和目标

从当前的技术发展趋势来看，智能化是未来社会的一个重要发展趋势。随着对人工智能认知的不断提升，人们逐渐将人工智能应用在各个领域，在五道梁融雪水处理示范点将人工智能引入纳滤系统，是对当前发展大趋势的把握。

该示范点地处偏远地区，环境气候恶劣，设计纳滤系统和智能化耦合的目标就是提高净水的自动化程度，减少人工操作的成本，同时实现自动化监控。

该融雪水智能化处理设备的目标是能够实时监控进水的水质，根据水质变化实现运行中的自动调控、数据采集和智能控制以及报账设备安全运行，其中运行安全包括运行过程中的处理效果和运行稳定性。

2. 进水水质和水量的监测

(1) 进水水质监测：进水的pH值，进水的SO_4^{2-}浓度，进水的Cl^-浓度，进水的F^-浓度，进水的NO_3^-浓度。

(2) 进水流量监测：通过在进口处设置流量监测器以获得实时流量。

3. 运行中的监测和调控

在取水泵房设置出水电动阀和进水电动阀，同时在产水箱设置静压液位变送器，通过水位的数据传输，控制取水泵房出水电动阀和进水电动阀的开闭。

在纳滤组件之前安装电动球阀，并在纳滤组件前后分别安装带有报警功能的压力变送器。通过数据传输实时监测跨膜压差，通过跨膜压力的数据实时调节纳滤组件前的电动球阀，从而起到控制跨膜压力的作用。

在浓水端监测浓水侧朗格利尔指数（LSI）、硫酸钙饱和指数和氟化钙饱和指数，通过数据传输预测系统结垢的趋势和风险。

在装置中设置智能加药装置。阻垢剂出口端的电动球阀根据系统的实时流量得到需要添加的阻垢剂的剂量，在阻垢剂出口端设置流量计，根据流量计的流量控制出口端球阀的关闭。

4. 出水监测和调控

（1）出水水质监测：出水的pH值，出水的SO_4^{2-}浓度，出水的Cl^-浓度，出水的F^-浓度，出水的NO_3^-浓度。

（2）出水流量监测：通过在出口处设置流量监测器以获得实时流量。

（3）出水的调控对清洗的作用：通过出水的水量和水质的实时数据来判定是否需要冲洗，如果数据显示需要冲洗，则启动冲洗水泵的电动阀。

（4）出水的调控对掺混的作用：出水的实时数据可以实时调节产水箱的原水进水电动球阀的开闭，以此来达到最佳掺混比例。

5. 系统清洗的调控

（1）系统需要清洗的条件。在正常给水压力下，产水量较正常值下降10%～15%，为维持正常产水量，经温度校正后的给水压力增加10%～15%，产水水质降低10%～15%，透盐率增加10%～15%。

（2）系统智能清洗。当系统接收到清洗信号时，原水入水的电动球阀关闭，原水排放电动球阀自动打开。同时产水水箱和清洗泵之间的球阀打开，清洗泵启动清洗程序。

在清洗水泵前设置清洗液配制池，接收到清洗信号后，智能加药系统会自动将清洗药剂加入清洗液配制池。同时清洗池出口设置清洗液浓度监测装置，当清洗液浓度发生变化时，通过智能加药系统的反馈调节系统调整药剂投加量以维持清洗液浓度。

在原水排水口设置清洗液检测装置，排水中如发现清洗液则发出信号并关闭排水阀，同时关闭清洗水泵和清水出水阀，系统进入浸泡状态。

设置每浸泡30min，就启动清洗泵冲洗30min，然后自动关停清洗泵，设置循环3次。通过信号控制关闭清洗池出口，打开清洗泵和产水箱，在排水口的监测装置检测不到清洗液时，关闭清洗泵和产水箱出水阀，清洗结束。

4.4.5.2 设备操作要求及规程

五道梁融雪水处理设备具有监测自诊断、自报警和自维护功能，以此保障设备能够长期稳定地运行，降低了对运行维修人员的技术要求，对后勤保障具有重要作用。

1. 首次运行操作

在系统进入启动程序前，应该完成预处理的调试、膜元件的装填、仪表的校正和其他系统的检查，常规启动顺序如下：

(1) 系统开机启动前，检查所有阀门并保证设置正确，系统进水阀、纳滤产水排放阀、进水控制阀和浓水控制阀必须完全打开。

(2) 开启超滤进水阀门、上排污阀门，将超滤膜中的保护液冲洗干净；开启超滤产水阀门，超滤产水先进入产水箱，待产水合格后，再切换阀门进入纳滤增压泵。

(3) 用合格的低压、低流量预处理出水赶走纳滤膜元件和压力容器内的空气，冲洗压力为0.2～0.4MPa，冲洗过程中的所有产水和浓水均应排放至下水道。

(4) 缓慢地关闭浓水控制阀，以维持系统设计规定的浓水排放流量，同时观察系统产水流量，直到产水流量与系统回收率达到设计值。检查系统运行压力，确保未超过设计上限。

(5) 让系统连续运行1h。产水合格后，先打开合格产水输送阀，然后关闭产水排放阀，向后续装置供水。合格产水输送阀和产水排放阀系统参数调节一般在手动操作模式下进行，待系统稳定后将系统转换成自动运行模式。

(6) 在连续操作24～48h后，查看所有记录的系统性能数据，包括进水压力、压差、温度、流量、回收率、电导率。同时对进水、浓水和总系统产水取样并分析其离子组成。此时系统运行参数作为系统性能的基准。

2. 日常运行操作

膜系统一旦开始投运，理论上应以稳定的操作条件连续操作下去。而事实上，需要经常性地启动和停止膜系统的运行，每一次的启动和停止，都牵涉系统压力与流量的突变，对膜元件产生机械应力。因此，应尽量减少系统装置的启动和停止的次数，正常的启动、停止过程也应该越平稳越好，启动的方法原则上应与首次投运的步骤相同，关键在于进水流量和压力的上升要缓慢。

日常启动顺序常常由可编程控制器和远程控制阀自动实现，但要定期校正仪表、检查报警器和安全保护装置是否失灵，并定期进行防腐和防漏维护。

3. 运行维护保养

在运行过程中需要对装置进行日常的维护和保养，以提高装置的运行稳定性和使用寿命。装置日常维护可由搭载的智能化控制系统控制装置自动进行启停、反冲洗等。

第5章

盐碱地区苦咸水净化技术

5.1 盐碱地区苦咸水水质特征及污染物来源

5.1.1 水质特征

苦咸水作为一种可以利用的水资源，其广泛分布于河流、湖泊及地下水中[75]。目前，苦咸水的定义并没有统一的标准，诸多文献中使用矿化度作为界定标准。根据《地表水资源质量评价技术规程》(SL 395—2007)，当水体矿化度或氯化物、硫酸盐浓度超过标准限值（2000mg/L、450mg/L、400mg/L）时称其为苦咸水[76]。根据含盐量的不同，将苦咸水分为三类：含盐量小于2000mg/L为低度苦咸水；含盐量在2000～6000mg/L时为中度苦咸水；含盐量大于6000mg/L为高度苦咸水[77]。

苦咸水是一种非常规的水源，味苦涩且化学组分含量高，难以作为饮用水水源。苦咸水的化学组成受到地理位置、地质条件及水流经的土壤岩石成分的影响，都含有高于饮用水水源要求的可溶性固体物质、氟化物、重金属离子等[77]。

目前对于苦咸水水化学特征及成因分析的研究成果较为少见，吴琼等[78] 通过水化学图解、描述性统计分析、离子比值等方法对新疆阿拉尔市地下水进行采样分析发现，该区域苦咸水水化学类型以 $HCO_3 \cdot SO_4 \cdot Cl-Na \cdot Ca \cdot Mg$、$SO_4 \cdot Cl-Na \cdot Mg$ 和 $SO_4 \cdot Cl-Na$ 型为主，分别占总样品的16.67%、18.33%和18.33%。

苦咸水中的氟化物、砷离子、铬离子以及可溶性固体等物质的浓度通常超出《生活饮用水卫生标准》(GB 5749—2022)，长期饮用会导致消化系统疾病、皮肤病、氟骨病、大骨节病、氟斑牙等疾病大量发生。如六价铬离子因其具有强氧化性，对皮肤、黏膜有强烈的腐蚀性，已经被证明具有致畸、致突变、致癌的作用；长期饮用高氟苦咸水，会产生地方性氟中毒现象，如氟斑牙、氟骨症等，直接威胁着人们的身体健康；饮用砷含量高的苦咸水不仅会对健康造成近期危害，而且会引起人体长期恶性化改变，如癌变、突变和畸变等。流行病学调查显示：苦咸水对泌尿系统结石的形成有促进作用。此外，由于苦咸水中盐分的含量较高，会造成土壤盐碱化，抑制作物生长[79]。

苦咸水主要分布于各大洲的内陆干旱区、沙漠、草原及沿海一带[78]。苦咸水的存在形式主要是地下水和地表水，我国现有苦咸水资源 2599.51 亿 m^3[75]。其中地下苦咸水占地下水资源的一半以上，约为 200 亿 m^3，绝大多数位于地下 10～100m 处[80]。由于自然条件及地质构造的特殊性，苦咸水大量分布于我国西北干旱地区的高原、山间盆地的低洼地以及内陆河下游水盐聚积区等地带。苦咸水作为西北干旱区重要的非常规水源，对于提高当地水资源保障能力，水安全、生态安全及地区经济社会的可持续发展具有重要价值[78]。

陈文等[76] 根据调查得出中国西北地区现有 157 个苦咸水湖泊，占全国苦咸水湖泊的 16.6%。西北 5 省（自治区）现有苦咸水资源量为 1597.263 亿 m^3，其中，地表苦咸水河流年径流量为 140.583 亿 m^3，占区域苦咸水资源量的 8.8%；苦咸水湖泊蓄水量为 1406.124 亿 m^3，占区域苦咸水资源量的 88%；浅层地下苦咸水资源量为 50.556 亿 m^3，占区域苦咸水资源量的 3.2%。西北地区境内均有浅层地下苦咸水分布，现共有地下苦咸水水文地质单元（盆地）25 个。从地下苦咸水资源量看，新疆维吾尔自治区境内最多（31.112 亿 m^3），甘肃省次之（10.291 亿 m^3），其次为宁夏回族自治区、陕西省、青海省，主要分布于塔里木、准噶尔、吐鲁番、柴达木、河西走廊等盆地区域及陇东黄土高原区、河谷平原区和山间平原区。浅层地下苦咸水范围涉及的县级行政区 92 个。

5.1.2 污染物来源

李向全等[81] 以宁南清水河断陷盆地为例，通过水化学模拟、环境同位素特征分析等方法研究了西北干旱区储水盆地的水循环特征和苦咸水成因机制，认为研究区地下水主要由大气降水补给形成，地表水不足以持续性补给，地下水在含水层介质中溶解了大量的膏盐，盐度提升而形成苦咸水。周承刚等[82] 研究发现宁南地区由于地势低洼、降水量小、蒸发强烈、石炭系—第四系岩层含盐量高、地质构造封闭及近代自然条件恶化等因素造成了地下水苦咸化。李彬等[83] 研究发现吉林省西部地区苦咸水的形成也由于气候、土壤类型、地貌特征等因素造成。王立新等[84] 也对干旱地区苦咸水的成因有相同的见解。可见，气候条件、地形地貌、地质状况和人为污染等是苦咸水形成的主要因素。

5.1.2.1 盐离子

我国西北大部分地区，属温带干旱区，年平均降水量只有200～300mm，再加上气温高、蒸发量大，增加了岩层中盐类的溶解速度，造成水体中盐分浓度不断增高，导致地下水、地表水多为苦咸水[85]。就全球范围而言，由于全球温度升高，水分蒸发速度不断加快，盐分在水体中的浓度不断增大，使苦咸水的分布面积也随之加大，而且由于温度升高引起两极冰川融化、海平面上升，也会在某些沿海地区及岛屿引起海水倒灌，从而导致苦咸水面积增加[79]。

在地势较高地带，由于长期淋滤，地层含盐分较低，加之地形坡度陡、岩层透水性好，地下水交替积极，径流途径短、速度快，溶于水中的盐分少，矿化度一般都小于1000mg/L，因而水质较好。而地势较低的区域，因岩层透水性差，地下水径流途径长、交替缓慢，地层中可溶盐含量高，地下水矿化度通常都大于1000mg/L，水质一般较差，极易形成苦咸水[82]。

5.1.2.2 氟化物

氟主要是以化合物的形式存在于自然界中。由于地形封闭，地下水径流呈滞缓状态，长期溶解地层中的盐分，致使地下水矿化度很高，加之蒸发浓缩作用，加剧了地下水中化合物的溶解聚集，形成了苦咸水。地下水与这些矿物接触后将溶入氟的化合物，使地下水中含有一定量的F^-。此外，阻水断层的存在，也可使地下水的原始径流条件改变而处于滞流状态，长期溶解地层中的含氟化合物而使F^-超标。同时因导水断裂，使淡水含水层与高矿化的咸水含水层对接，导致地下水矿化度升高，形成苦咸水[86]。

5.1.2.3 重金属和有机污染物

随着经济与工业化速度的不断加快，受人类对地下水开采方式不当（过量超采）和污废水及固体废物排放方式不当的影响，致使水体中的硝酸盐、亚硝酸盐、重金属离子、氟化物以及有机污染物等累积，而造成水体中砷、铬以及可溶性固体物质等含量超出国家饮用水标准的相关限值，从而形成苦咸水。戴向前等[87] 研究表明，饮用水水质超标的农村人口占到饮水不安全总人口的 70%，其中饮用污染水的人口占饮水不安全总人口 28%。20 世纪 80—90 年代，涞水河两岸因百余家小造纸厂的污水排入，使沿岸大面积浅层水受到了污染。同时，一些水质不达标区域也因打井时不封闭上层超标水，而使地下水越流、串层，浅层超标水流入中、深层，形成新的苦咸水。

5.2 盐碱地区苦咸水主要处理技术

目前常用的苦咸水淡化技术主要为膜法、热法、冷冻法以及其他以新能源为动力的处理技术。

膜法即在外力的驱动作用下，利用选择性透过膜截流大于膜孔的溶质离子，从而将原溶液分为渗透液和浓缩液[88]。该技术广泛地应用于海水、苦咸水等多种水处理中。苦咸水处理包括预处理、脱盐和后处理三步，预处理常采用微滤和超滤技术，以去除原水中的污染物，保证脱盐工艺的高效运行；脱盐常常采用纳滤、反渗透、电渗析技术；采用膜法等方法进行脱盐后，通常要进行后处理，以达到用水水质要求。

热法，又称蒸馏法，即将苦咸水加热蒸发，并将蒸汽冷凝成淡水的过程，其优点是结构简单、操作容易、处理后水质好，且淡化过程不受进水盐度的限制，尤其适用于浓度较高的苦咸水和海水。热法主要包括多级闪蒸法和多效蒸馏法[89]。

冷冻法是采用冷冻装置或天然冷冻的方式将海水中的水结成冰晶，使盐分被排除在外，再通过清洗、融化得到淡水。冷冻法预处理要求较低，适合天然低温地区，但出水会残留部分盐分，而且采用冷冻装置等方式工艺复杂，成本较高[90]。

5.2.1 反渗透技术

5.2.1.1 技术简介

反渗透主要是以膜两侧渗透压梯度为动力，溶剂（水）通过反渗透膜，而溶解性盐类、胶体微生物和有机物等物质被截留，最终产生低盐度渗透液和高盐度浓缩液。其基本原理为把相同体积的稀溶液（如淡水）和浓溶液（如海水或盐水）分别置于容器的两侧，中间用半透膜阻隔，稀溶液中的溶剂将自然地穿过半透膜，向浓溶液侧流动，浓溶液侧的液面会比稀溶液的液面高出一定高度，形成一个压力差，达到渗透平衡状态，此种压力差即为渗透压。渗透压的大小决定于浓溶液的种类、浓度和温度，与半透膜的性质无关。若在浓溶液侧施加一个大于渗透压的压力时，浓溶液中的溶剂会向稀溶液流动，此时溶剂的流动方向与原来渗透的方向相反，这一过程称为反渗透，其工艺流程如图 5.1 所示。

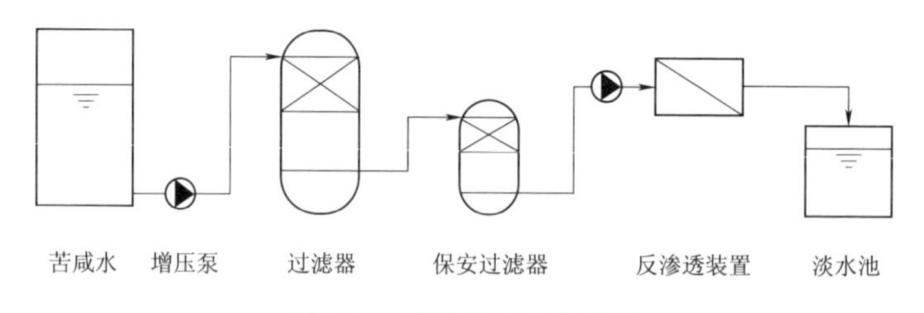

图 5.1 反渗透工艺流程图

反渗透被认为是一种成熟的苦咸水淡化技术。在反渗透膜广泛商业化之前，海水及苦咸水淡化依赖于相变的高能热过程，反渗透技术主要是通过在浓溶液上施加大于渗透压的压力之后，使浓溶液中的水通过半透膜流向稀溶液。由于反渗透属于非相变过程，反渗透生产淡水的理论能耗明显低于从盐溶液中蒸发水所需的能耗，这使得反渗透成为一种有吸引力的淡化技术，并被认为是一种成熟的苦咸水淡化技术。近年来，世界各地都建立了大型的反渗透工厂，由于反渗透膜材料和设备的不断改进，使得反渗透脱盐广泛应用于世界干旱地区的苦咸水淡化。

反渗透法对离子和非离子的截留能力优于纳滤法，适用于一价离子含量高的苦咸水，污染物去除率明显优于纳滤技术。与蒸馏法相比，反渗透所需能耗较低，同时可以去除 90%以上的溶解性盐类、微生物、细菌及有机物，且经济成本较低，如反渗透处理 1～3g/L 的微咸水成本为 2.5 元/m^3。然而，反渗透技术仍面临着一系列挑战。一方面，膜的性质和污染状况影响了膜效率，由于反渗透几乎能将所有物质都截留掉，因而会造成膜的堵塞，需要定期清洗和更换；另一方面，全球产生的反渗透浓缩液的体积超过生产的渗透水体积约 50%，发展经济和环境友好的反渗透浓水管理是一项重大的挑战[89]。

5.2.1.2 适用范围

反渗透技术被认为是一种适合小型淡化系统的脱盐方法。水温、pH 值、悬浮物等都可以影响反渗透膜的脱盐率，反渗透对其进水水质有一定的要求，因此反渗透脱盐也需要复杂的预处理。Koutsou 等[91] 研究指出，原水温度的升高通常会增加膜的渗透性，降低所需的压力，从而降低比能耗（SEC），尤其是低盐度料液。对于高含盐量苦咸水的脱盐来说，温度升高会增加渗透通量，最佳温度在 30℃左右；就含盐量而言，更高的进料 TDS 或更高的渗透压需要更高的操作压力。因此，进水含盐量越大，能耗越大，对淡化系统温度的升高会起到一定的积极作用。

5.2.1.3 处理效果

王淑娜等[92] 使用反渗透淡化装置对模拟的西部农村某地区苦咸水进行了脱盐的实验研究，在连续 200 多个小时的运行过程中，脱盐率、回收率及 SO_4^{2-}、Cl^-、F^-、NO^{2-} 的去除率基本上维持稳定。反渗透苦咸水淡化装置的脱盐率可以达到 98%以上，NO^{2-}、HCO^{3-}、F^- 的去除率在 80%以上，SO_4^{2-} 等其他离子去除效率比较高，均在 95%及以上，处理后的出水水质可以达到《生活饮用水卫生标准》（GB 5749—2022）的要求。

5.2.2 电渗析技术

5.2.2.1 技术简介

电渗析（electrodialysis，ED）过程是结合了电化学过程和渗析扩散过程。在外加直流电场的驱动下，利用离子交换膜的选择透过性（即阳离子可以透过阳离子交换膜，阴离子可以透过阴离子交换膜），阴离子、阳离子分别向阳极和阴极移动。离子迁移过程中，若膜的固定电荷与离子的电荷相反，则离子可以通过；如果它们的电荷相同，则离子被排斥，从而实现溶液淡化、浓缩、精制与纯化等目的。

电渗析技术是以电场力为推动力，利用离子交换膜的选择透过性使原液中的含盐量降低的一种分离方法。离子交换膜是电渗析膜堆的核心部件，电渗析过程就是基于离子交换膜的选择透过性实现淡化室中阴阳离子定向迁移。电渗析苦咸水淡化原理如图5.2所示，苦咸水中阳离子可透过阳离子交换膜向负极迁移，阴离子可透过阴离子交换膜向正极迁移[93]。

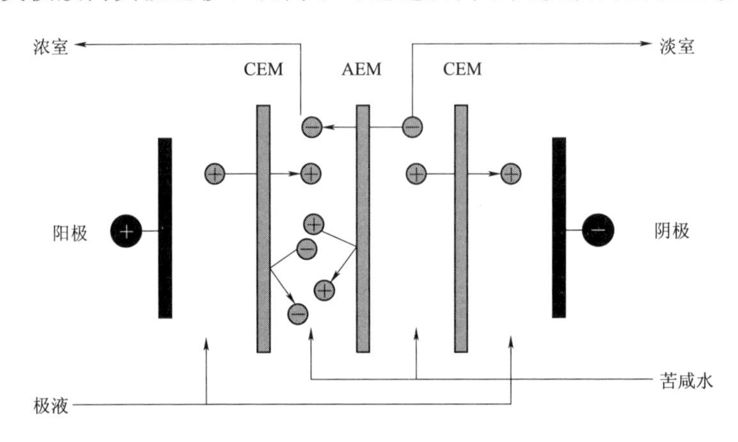

图5.2 电渗析苦咸水淡化原理

CEM—阳离子交换膜；AEM—阴离子交换膜

电渗析技术具有出水水质稳定、投资回收快的特点，经济效益显著。另外，电渗析技术用于处理低浓度苦咸水和自来水脱盐时，相比于反渗透技术和离子交换，具有回收率高、产水水质好、工艺过程洁净的优势。然而，电渗析也有劣势，由于其只能去除水中的带电离子而不能去除细菌等有机物质，这使得电渗析技术在实际应用中受到了很大限制。电渗析技术的效率主要取决于所使用的离子交换膜的性能和进料的盐浓度，由于电极和离子交换膜的高成本，电渗析的应用仍然受到限制[94]。

5.2.2.2 适用范围

目前，电渗析技术在苦咸水淡化领域应用广泛，电渗析淡化的处理规模一般为100～20000m³/天产能的中小型淡化厂。然而，电渗析法对不带电荷的物质没有去除效果，而且随着进水浓度的增加，苦咸水去除率不断下降。因此，电渗析法更适用于低盐苦咸水的处理。电渗析器进水要求为：浊度不大于3NTU、耗氧量小于2mg/L、游离氯小于0.2mg/L、含铁量小于0.3mg/L、锰含量小于0.1mg/L、水温5～40℃，硬度超过

900mg/L 应要软化处理。

5.2.2.3 处理效果

我国的第一个电渗析法处理苦咸水厂建于山东省长岛县，可将含盐浓度为 5g/L 以下的苦咸水处理到 1g/L 以下，日产水达 20t。沧州市苦咸水淡化试点村原水含盐量为 2.5～4.5g/L，经电渗析处理后，出水含盐量为 0.1～0.25g/L，符合《生活饮用水卫生标准》（GB 5749—2022）的要求，每吨水能耗 3kW·h[95]。

5.2.3 纳滤技术

5.2.3.1 技术简介

纳滤技术以 0.5～4.0MPa 的压力梯度为驱动力，使水分子和少部分溶解盐通过选择性半透膜，而相对分子质量在 200～1000Da 的杂质被截留随浓水排出[96]。其截留效果优于超滤膜，但比反渗透膜差。纳滤膜是荷电膜，能进行电性吸附。纳滤膜的分离机理为筛分和溶解扩散并存，同时又具有电荷排斥效应，可以有效地去除二价和多价离子、分子量大于 200Da 的各类物质，可部分去除单价离子和分子量低于 200Da 的物质。纳滤膜的分离性能明显优于超滤和微滤，而与反渗透膜相比，具有部分去除单价离子、过程渗透压低、操作压力低、节能等优点。

5.2.3.2 适用范围

纳滤技术精度介于超滤和反渗透之间，操作简单，装置易于维护，具有良好的截留有机物及溶解盐类的能力。因其受环境影响小，出水水质稳定，纳滤技术适用于苦咸水为非常规水源水体的处理。若水中悬浮物质、胶体等杂质含量过高，则应对原水进行预处理，去除相关的污染物，以满足纳滤进水水质。

5.2.3.3 处理效果

在沿海地区，水中卤素含量高，而天然有机物与卤素离子会发生反应，生成多种卤代乙酸前体物，净水厂加氯消毒后将生成消毒副产物。李东洋等[97] 采用“浅层介质过滤-纳滤”的组合工艺，对和田某村的苦咸水进行淡化处理。结果表明：30 天运行周期内，产水 TDS 维持在 104～135mg/L，平均 TDS 去除率为 96.0%；氯化物含量维持在 55.3～74.6mg/L，平均氯化物去除率为 86.2%；总硬度维持在 5.48～7.49mg/L，平均总硬度去除率为99.4%；硫酸盐含量维持在6.13～8.48mg/L，平均硫酸盐去除率为99.4%。各超标物去除效果明显，纳滤膜对总硬度、盐酸盐均有较高的脱除率。

5.2.4 正渗透技术

正渗透是指水通过选择性渗透膜从高水化学势区向低水化学势区的传递过程。可见，实现正渗透过程需要两个必要因素：①可允许水通过而截留其他溶质分子或离子的选择性渗透膜；②膜两侧所存在的水化学势差，即传递过程所需要的推动力。例如，利用正渗透实现苦咸水淡化，需要具备正渗透膜，原则上它只允许水透过，而阻挡了咸水中的离子和有机物等溶质分子。在膜的另一侧，需要引入具有低水化学势的汲取液以实现水化学势差，推动纯水从咸水侧源源不断地渗透过来，进而借助化学沉降、冷却沉降、热挥发等标准方法从汲取液中获取产品纯水，并使汲取液得到浓缩[98]。

正渗透具有操作压力低、耗能少、对很多污染物都有较高的截留率、污染倾向较低、回收率高、环境污染小等优点。

5.2.5 多级闪蒸技术

5.2.5.1 技术简介

多级闪蒸技术即盐水加热进入闪蒸室后，由于闪蒸室的压力低于盐水的饱和蒸气压，导致热盐水汽化，蒸汽经过冷凝后形成淡水。多级闪蒸过程原理为：将原料盐水加热到一定温度后引入闪蒸室，由于该闪蒸室中的压力控制在低于热盐水温度所对应的饱和蒸汽压的条件下，故热盐水进入闪蒸室后即因为过热而急速地部分汽化，从而使热盐水自身的温度降低，所产生的蒸汽冷凝后即为所需的淡水。由于多级闪蒸未产生真正的沸腾，因而有利于缓解结垢现象。此外，针对该方法能耗大、热利用率低和易结垢等问题，可以利用信息化技术来优化运行参数，提高运行管理水平，从而减少能耗，提高热利用率；还可利用绿色环保阻垢剂和防腐材料来减少腐蚀结垢。

5.2.5.2 适用范围

多级闪蒸法不受进水水质影响，适用于规模较大的水处理工厂。多级闪蒸法技术最为成熟，单机淡水产量大，并且不受海水水质影响，适合于大型和超大型淡化装置，主要应用于海湾及中东地区[99]。

5.2.6 多效蒸馏技术

5.2.6.1 技术简介

多效蒸馏技术是将几个蒸发器串联进行蒸发操作，加热的蒸汽进入第一效蒸发器后，前一效蒸发器产生的蒸汽作为后一效蒸发器的热源，同时后一效蒸发器的加热室作为前一效蒸发器的冷凝器，以此类推，直到最后一效蒸发器的蒸汽进入冷凝器冷却成淡水。由于通过多次蒸发、冷凝，该装置比多级闪蒸法的能耗小，热利用率高。多效蒸馏装置如图 5.3 所示。

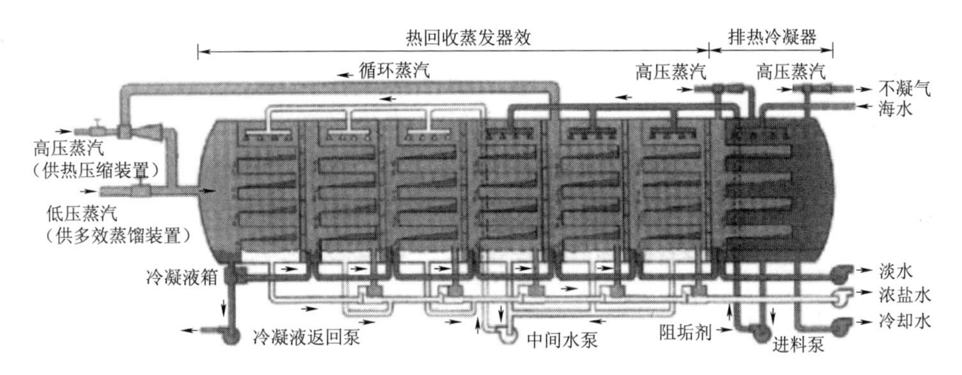

图 5.3 多效蒸馏装置[100]

多效蒸馏技术作为蒸馏技术的一种，主要有以下优点：①传热系数很高，具有较高的热效率；②动力消耗较少，淡水的动力消耗只需 1.0kW·h/t 左右；③运行负荷的范围较宽，在 40%～110%的范围内可调整；④可靠性高。多效蒸馏技术的主要缺点有：①传热管壁易结垢，需要一定的防垢措施，如添加阻垢剂，另外需要定期进行化学清洗；②设备较大，需要布置在室外，且设备噪声较大，若采用降噪措施，费用较高[98]。

5.2.6.2 适用范围

根据运行温度，多效蒸馏法可分为高温多效蒸馏法和低温多效蒸馏法。高温多效蒸馏是指最高蒸发温度高于 90℃的多效蒸馏，其优点在于可以安排更多的传热效数，达到较高的造水比，因此热效率较高；缺点在于前端盐水的蒸发温度较高，传热管表面容易结垢，腐蚀速度也快，因此不仅对设备的材质要求高，设备的清洗也频繁，另外对预处理的要求也高。低温多效蒸馏技术的操作温度较低，该方法不仅能够避免或减缓设备的腐蚀和结垢现象，而且能够充分利用电厂和化工厂的低温废热。此外，低温操作的另一大优点就是大幅简化了海水的预处理过程。因此，低温多效蒸馏技术设备构造简单、不受原水浓度限制、对预处理无特殊要求、系统的操作弹性大、动力消耗小、热效率高、安全可靠，并且得到的淡化水品质较高（含盐量小于5mg/L），是世界应用最广泛的淡化技术之一[99]。

5.2.7 冷冻法

5.2.7.1 技术简介

冷冻结晶是溶液从液相变成固相的相变过程，在冷冻过程中随着冰晶的生长，杂质会被浓缩在未冻结的溶液中，冷冻法海水淡化正是利用这一原理把海水中的盐分“挤”出去进而获得纯净的淡水[101]。冷冻法淡化咸水的技术原理是基于无机盐和有机水质中的分配系数比在冰中的大1～2个数量级的性质，咸水在冷冻过程中，水分子以冰晶的形式结晶出来，咸水中的无机盐或其他有机质会留在母液中，当液体温度继续下降，大部分水逐渐结成冰，原液中盐的质量浓度越来越高，最后通过融冰获得淡水。冷冻法在低温条件下操作，对设备的腐蚀结垢轻，设备材质要求低，因此设备投资会大大降低。

5.2.7.2 适用范围

冷冻法主要是通过自然冷冻在液态淡水变成固态冰的同时盐被分离出去，以实现苦咸水淡化。该方法成本较低，是一种无污染、节能、操作简单的绿色净水技术。冷冻法的设备要求较低，因此适用于经济发展较落后的寒冷偏远地区苦咸水的处理单元。

5.2.7.3 处理效果

罗从双等[102]通过对冬季祖厉河现场实验，得出冷冻法融水矿化度可以从10000mg/L降低到1000mg/L以下，对于苦咸水的各超标离子的平均总脱盐率均可以达到95%以上，能够达到《生活饮用水卫生标准》（GB 5749—2022）的要求。

5.2.8 太阳能苦咸水淡化技术

5.2.8.1 技术简介

太阳能苦咸水淡化系统主要由太阳能集热器系统、海水淡化装置主机、风力发电系统和自动控制系统等组成，其装置如图5.4所示。

太阳能苦咸水淡化技术运行原理为：普通淡水经太阳能集热器加热后

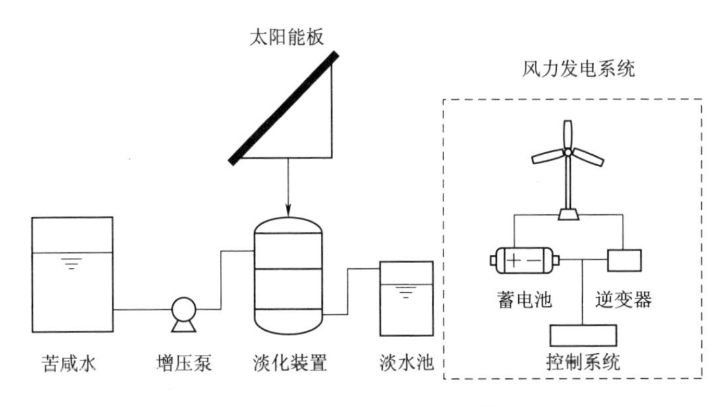

图 5.4 太阳能苦咸水淡化装置图

进入热水罐，当热水罐内水温达 70℃时，热水则进入海水淡化装置进行换热。此热水在太阳能集热器、热水罐和海水淡化装置底部的蒸发器之间形成闭式循环，换热的热源作为蒸发器所需的蒸发热源。海水经蒸发器蒸发后进入第一级蒸发——冷凝器中进行冷凝，冷凝放出的潜热作为第一级蒸发——冷凝器降膜蒸发的热源来加热横管外喷淋的海水，而冷凝出的淡水经淡水盘流入淡水罐。在第一级蒸发——冷凝器中产生的蒸汽进入第二级蒸发——冷凝器，并作为其降膜蒸发的热源来加热横管外喷淋的海水，而蒸汽则在管内降膜冷凝成纯净水后经淡水盘流入淡水罐。在第二级蒸发——冷凝器中产生的蒸汽进入顶部的冷凝器，经降膜凝结为纯净水后经淡水盘流入淡水罐[103]。

5.2.8.2 适用范围

系统实际运行时，供热水温度最佳范围为 70～80℃；应采用温度较低的冷却水或采取措施使冷却水保持较低温度，冷却水温度尽量不超过 30℃。在实际运行中，采用自然苦咸水或海水作为冷却水能较好地使冷却水温度控制在适宜范围（15～25℃）；实际运行中选择流量为 2.5～3.5m^3/h，此时水泵的功率可选为 80～150W。

系统对原水水质要求低，因此适用于太阳能和风能资源丰富的苦咸水地区。

5.2.8.3 处理效果

太阳能苦咸水淡化系统能稳定地自动运行且产水率高，当太阳能辐射为 20MJ/天时，系统的产水量可达 12kg/(m^2·天）以上。

5.2.9 风能淡化技术

风能海水淡化主要有以下两种途径：

(1) 直接利用风力机输出的机械能进行海水淡化，可利用的技术有机械压汽蒸馏（mechanical vapor compression，MVC）和反渗透（reverse osmosis，RO）过滤。

(2) 利用风力发电机组先将风能转化为电能，然后利用电能进行海水淡化，可行的技术有 MVC、RO 和 ED。

直接将风能用于海水淡化（即利用风力机的旋转动能直接驱动反渗透泵或蒸汽压缩单元）还存在一些问题，如风力波动影响到泵的流量或压缩机的压缩稳定性等，因此直接利用风能的应用比较少，大多数情况下可以先利用风能发电之后再用于海水淡化[104]。

5.3 推荐处理工艺

5.3.1 反渗透工艺

5.3.1.1 工艺净水机理

反渗透又称逆渗透，是一种以压力差为推动力，从溶液中分离出溶剂的膜分离操作。对膜一侧的料液施加压力，当压力超过它的渗透压时，溶剂会逆着自然渗透的方向作反向渗透[105]。反渗透膜对各种无机离子、胶体、大分子溶质具有很好的截留作用，可以获得更高纯度的水溶液[106]。反渗透具有操作简单、实用性强等特点，现已广泛应用于淡化海水和苦咸水、硬水的软化以及化工等行业的废水处理等[107]。

5.3.1.2 工艺特点

反渗透工艺通常由预处理系统、高压水泵、反渗透膜组件等组成。在应用于苦咸水处理时，具有设备环境要求低、操作简单、能耗低、占地面积小、适应范围广、出水质量高等优点。预处理系统可根据苦咸水的水质情况和出水要求，采取粗滤、活性炭吸附、精滤等设备；高压水泵提供压力差，借助半透膜的截留作用，使苦咸水中的溶质与溶剂分开，从而达到苦咸水淡化的目的。反渗透工艺在近几十年发展非常迅速，已经广泛应用于海水和苦咸水淡化、纯水和超纯水制备、工业或生活废水处理等领域。

相比于纳滤，反渗透的截留率更高，因此被大量应用于纯水和超纯水的制备；相比于离子交换法，反渗透制备纯水具有工艺简单、成本低、产水水质稳定等特点。1965 年建立了世界上第一个反渗透工厂[108]，目前，全世界正在运行的海水淡化厂有 15000 多家，其中大约 50%是反渗透厂[109]。近年来，我国的海水和苦咸水淡化工程快速发展，反渗透成为了苦咸水淡化的首要选择。我国第一个反渗透淡化工厂于 1997 年在浙江省舟山市嵊山岛建成，规模可达 500m^3/天，填补了我国反渗透淡化工程的空白[110]。2000 年在河北省沧州市建成处理规模为 1800m^3/天高含盐量苦咸水淡化厂[111]。

水温、pH 值、悬浮物等都可以影响反渗透膜的脱盐率，反渗透对其进水水质有一定的要求，因此反渗透脱盐也需要复杂的预处理。在反渗透技术淡化苦咸水中，系统的主要能耗和运行成本是由高压泵的运行产生的，因此低压反渗透膜的开发研究得到越来越多人的重视。Karabelas 等[112] 认为，除了膜的渗透性能外，泵和能量回收装置（EDR）效率对能耗率（SEC）的影响最大。EDR 不仅广泛应用于海水淡化，而且还可以降低苦咸水淡化的能耗[113]。对于中等规模的苦咸水淡化厂，效率为 90%的 EDR 可以减少近 54%的能源消耗。随着从化石燃料向可再生能源的转变，商业上可行的可再生能源技术，如光伏（PV）与苦咸水淡化技术的结合已经被大范围应用。在埃及的沙漠地区，由于光照时长，太阳能资源丰富，将光伏能源与苦咸水淡化相结合的小型化光电驱动反渗透（PV－RO）系统在该地区得到广泛应用[114]。

5.3.1.3 工艺运行效果

反渗透最早的应用是苦咸水淡化。苦咸水含盐量一般比海水低得多，淡化成本也较低，通常的反渗透膜组件大多都可直接用于苦咸水淡化，回收率为 75%左右，是苦咸水淡化技术中经济性最高、最具竞争力的方法。目前，反渗透苦咸水淡化装置的设计优化已经相对成熟。随着新型膜材料的发展以及成本的降低，反渗透膜技术已经逐渐成为脱盐产业中的主导，采用特定的预处理工艺以及膜系统设计，被广泛应用于苦咸水淡化中。

在各国苦咸水淡化的技术发展与应用过程中，反渗透技术被广泛使用并取得了较好的处理效果。甘肃省庆阳市 3.8 万 m^3/天反渗透苦咸水淡化工程于 2008 年开始供水，工程中采用了反渗透浓水回收装置，使水的回收率达到85%以上，水质经检验达到国家《生活饮用水卫生标准》(GB 5749—2022）的要求[115]。

5.3.1.4 工艺前景分析

1993年，世界上第一座苦咸水反渗透淡化设备在加沙地区建成[116]。在欧洲，反渗透淡化苦咸水已占市场份额的76%[117]。在中国，由于苦咸水主要分布在经济欠发达的西北部地区，因此苦咸水淡化工程相对较少。随着水资源匮乏、水质日益恶化，各种可获得的水源都将受到重视，苦咸水的反渗透淡化会越来越受到广泛的关注，而且将不再仅仅局限于西北地区。

自20世纪80年代以来，全球淡水使用量一直以年均1%的速度增长。以目前的用水情况推算，到2050年，全球淡水资源需求总量将会增长55%左右，届时全球40%的人口将会面临严重的用水危机。在可以预见的未来，随着能源危机、水资源危机和环境危机的不断加剧，反渗透技术向更低的能耗方向发展，主要表现在以下方面：

(1) 高通量和高选择性反渗透膜的开发，如纳米复合膜、碳纳米管膜、石墨烯膜、仿生膜等，可从根本上降低反渗透过程本身的能耗。

(2) 抗污染、抗氧化、抗菌性反渗透膜的开发，可以减轻预处理要求、降低运行维护难度及成本、延长膜的使用寿命。

(3) 引入清洁能源，如太阳能、风能、生物能、水能、地热能、氢能等，可以降低能耗与运行成本。

(4) 在传统预处理+反渗透淡化工艺基础上，开发反渗透技术与其他技术的高效耦合工艺，如热膜耦合工艺、纳滤-反渗透工艺、反渗透-正渗透耦合工艺、电驱动膜-反渗透膜耦合工艺。优势互补各种相关工艺，形成更为高效的反渗透集成技术，降低能耗与运行成本，同时延长反渗透膜的使用寿命。

同时，随着反渗透技术应用体系越来越多、越来越复杂（如高温、强酸、强碱、有机溶剂等体系），反渗透膜品种趋向于多元化，以适应于各种体系。

5.3.2 纳滤工艺

5.3.2.1 工艺净水机理

纳滤法也称为低压反渗透法，是一种通过压力进行驱动的新型分离膜，膜孔径范围在1～10nm，介于超滤与反渗透之间[121]。纳滤的分离机制为通过道南效应进行有效的筛分，能够有效地去除二价、多价离子以及分子量超过200Da的物质，同时对单价离子、分子量低于200Da的物质也有一定的去除效果。纳滤膜因为其稳定、耐酸、耐碱等特殊的性能，对回收水中无机盐发挥了不可估量的作用，广泛用于各类有机废水的回收处理[122]。同时，纳滤膜在高盐废水中的分质分盐中也起到非常不错的效果，是目前分盐方面的研究热点。

5.3.2.2 工艺特点

纳滤技术主要被大量用于海水和苦咸水淡化脱盐的预处理、苦咸水软化、地下水处理和天然有机物的去除[120]。Sanciolo等[121]对海水淡化工艺的研究表明，纳滤预处理提高了反渗透系统的出水水质，只采用反渗透系统的脱盐率为98%，采用纳滤预处理可以将脱盐率提高至99.4%。Parlar等[122]将纳滤膜用作反渗透膜的预处理来进行苦咸水淡化试验。结果表明，纳滤作为反渗透的预处理可以明显提高产水的水质与反渗透的产水回收率。另外，过多的钙镁离子和其他多价阳离子会造成水的硬度升高，水的硬度太低也不利于人的身体健康。纳滤软化处理的苦咸水，大幅度减少了原水中的中溶解性总固体，使得反渗透的产水量提高60%，成本可以降低30%[123]。刘丹阳等[124]进行了低压纳滤膜对地表水的脱盐研究，结果表明纳滤膜对总有机碳和SO_4^{2-}有较高的去除率，并保留了一定量的钙镁离子，产水水质适合饮用。另外国内也有研究表明，长期使用纳滤过滤的水，心血管疾病和癌症的患病率分别下降了42%[123]。

5.3.2.3 工艺运行效果

1. 纳滤膜在软化和脱盐方面的研究

国内首套工业化纳滤系统示范工程于1997年在山东长岛南隍城建成投产，制备饮用水，规模为144m^3/天，至今运行良好。张显球等[125]采用NF90和NF270纳滤膜对江苏南京地区的地表水进行软化，结果表明两种纳滤膜对硬度的去除率分别为99%和85%，均可以达到进入中低压锅炉补充水的水质标准；相比离子交换和反渗透膜法，纳滤膜技术更加环保和节能。近几年来，随着纳滤技术的发展和纳滤膜组件价格的不断下降，纳滤软化法的成本已优于或接近于常规法，为纳滤膜在该用途的推广提供了条件。

2. 纳滤膜对硝酸根、氟和砷的去除研究

随着整体水环境中总氮含量的升高，许多市政自来水厂面临水源水中硝酸盐浓度增加的问题。纳滤膜可以去除部分硝酸盐，比如美国陶氏公司的NF270膜对硝酸盐有76%的截留率。有研究表明[125]，致密型纳滤膜对硝酸盐截留率较大，而疏松型纳滤膜则对硝酸盐截留率较小，甚至当水中其他阴离子含量较高时，对硝酸根的截留率可能会出现负值。因此在选择纳滤膜时需要依据水源特性与要实现的目标进行科学选择。

纳滤膜对 F^- 有很好的截留效果。采用纳滤膜（美国陶氏公司的NF70）去除饮用水中氟化物的研究结果表明，对卤素离子 F^-、Cl^- 的截留顺序是 $F^- > Cl^-$。这是由于这些离子的水合作用活化能不同所致，F^- 比 Cl^- 更容易发生水合作用。王晓伟[126] 采用了美国通用电气-奥斯莫尼公司（GE-OSMONIC）的HL1818T荷负电纳滤膜，对含氟含砷地下水进行了研究。采用单组件纳滤膜，操作压力为0.60～0.65MPa、膜回收率为30%、产水通量为20～24L/(m^2·h）时，膜对溶解性总固体的截留率为68.8%～70.7%，对 F^- 截留率为70%左右，对五价砷的截留率大于90%。当原水氟浓度分别低于3.3mg/L和4.0mg/L时，膜产水中氟浓度分别小于1.0mg/L和1.2mg/L；当原水五价砷［As（V）］浓度分别低于154.4μg/L和243.2μg/L时，产水中As（V）浓度分别小于10μg/L和50μg/L。对三组纳滤膜装置进行测试，结果表明采用两段并联式（2∶1）纳滤膜系统的总回收率为64.9%，回收率明显提高，对溶解性总固体的总截留率为68.7%，无明显下降；对 F^- 的截留率为70.5%～73.2%，对As（V）的截留率为92.8%～94.4%，均保持较好的性能。一级膜系统中两段式排列方式（组件排布按2∶1）为理想的除氟除砷工艺。在实际应用中，可依据原水氟砷浓度和水量水质要求调整纳滤膜组件排布方式。

砷在水中以两种价态存在，三价砷以中性分子 H_3AsO_3 的形式存在，而五价砷在高pH值下则以二价阴离子 $HAsO_4^{2-}$ 的形式存在。采用纳滤膜（美国陶氏公司的NF45）去除水中三价砷和五价砷的实验研究结果表明，通常情况下，纳滤膜对五价砷的截留率与水溶液的pH值和砷浓度有关，当pH值保持在7.1左右时，纳滤膜对As（V）的截留率随砷浓度的增加而小幅度降低。但是任何操作条件下 NF45 纳滤膜对三价砷的截留效果都不明显，这是由于纳滤膜对以中性分子形式存在的三价砷的空间位阻作用不大，而对以离子形式存在的五价砷不仅有空间位阻作用，还有静电排斥作用。在实际应用中，可通过把三价砷转化为五价砷后再采用膜技术分离的方法，以提高对砷的去除效果，确保饮水安全。

此外，饮用水水质标准中的其他无机污染物主要包括镉、铬（六价）、铜、铅、锰、汞、镍等，大多来源于工业废弃物泄漏和工业废水排放等。常规水处理过程通常采用微滤和超滤膜去除水中重金属污染物，但在饮用水制备过程中，采用纳滤膜在去除无机盐和有机物的同时也可去除重金属污染物，产水水质会更加稳定可靠。

5.3.2.4 工艺前景分析

饮用水安全保障是当下人们关注的重要民生问题。各地发生的饮用水污染突发事件也使得人们将饮用水安全保障应急技术作为重要的研究课题，受到了广泛关注。在此过程中，纳滤膜技术作为新型的净水技术是被重点考虑的技术之一，其不仅可以保证生物安全性，同时对各类有机物指标有较高截留性能，对无机离子可适度去除，能满足更广泛水源条件下的应用和要求，也能在水源波动时和应急条件下满足最终供水的要求。对于水源复杂和用水要求较高且经济发达的地区，纳滤膜技术作为饮水安全应急保障技术，可能是更为合适的选择。

由于纳滤膜技术尚在迅速发展阶段，在饮用水净化应用领域的大规模推广也刚开始，仍需要积累经验。随着我国国民经济的不断发展、城乡居民健康意识的提高，以及纳滤膜制备与应用技术的成熟与发展，纳滤膜技术在饮用水净化领域的规模化推广步伐将会进一步加快，在保障饮用水健康方面将会起到重要的作用。

5.3.3 电渗析工艺

5.3.3.1 工艺净水机理

电渗析技术是一种电驱动过程，通过外加直流电，利用阳离子、阴离子交换膜，将淡化液的无机盐离子输送到浓缩液中。电渗析核心部分是膜堆，由电极、离子交换膜、隔板和固定装置组成[127]。淡水室中的阴离子向阳极方向迁移，透过阴膜进入浓水室；阳离子向阴极方向迁移，透过阳膜进入浓水室，浓水室因阴、阳离子不断进入而浓度提高，淡水室因阴、阳离子不断移出而使浓度下降，通过隔板边缘特制的孔，分别将浓、淡隔室的水流汇聚引出，便产生两股主水流淡化水和浓缩盐水[128]。近年来，电渗析技术发展迅速，一些新型电渗析也孕育而生，例如高温电渗析[129]、频繁倒极电渗析[130]、填充床电渗析[131]、双极膜电渗析[132]等，其都具有不错的处理效果。电渗析技术在膜分离技术中占据非常重要的地位，其已然发展成为大规模的化工单元，拥有处理效果好、能耗低、原水回收率高、不易污染及操作灵活方便等优点，现被广泛应用于海水淡化、食品制药及印染制革等高盐废水处理领域[133]。

5.3.3.2 电渗析工艺适用范围

饮用水标准中对硝酸盐、硬度、氟化物以及有机污染物含量等都给出了明确而严格的要求。近年来，化肥的过量使用和畜牧业的增长等众多原因致使地下水中的硝酸盐等电解质含量显著增加。研究表明，硝酸盐对人体有害，对于婴幼儿的影响尤为突显。欧洲共同体已建议饮用水中的硝酸根离子含量应该低于25mg/L。日本、美国等则规定饮用水中的硝酸根离子和亚硝酸根离子的总量应低于10mg/L。我国在2022年12月29日颁布的《生活饮用水卫生标准》（GB 5749—2022）中要求硝酸盐的含量不得超过10mg/L。然而，实际情况不容乐观，某些地方地下水中硝酸根离子含量已超过了50mg/L。面对这一问题，研究者提出并尝试了很多方法。其中，鉴于电渗析技术在高效脱硝过程中能更好地保护天然地下水的品质而被广泛认为是最有前景的方法之一。此外，全球40～50个国家和地区均存在饮用高氟水的问题。长期饮用高氟水会导致人体的氟超标，从而引起氟斑牙和氟骨病等，而电渗析法也被认为是较好的降氟技术。

5.3.3.3 工艺运行效果

电渗析过程是在外加直流电场的驱动下，利用离子交换膜的选择透过性，阴、阳离子分别向阳极和阴极移动。离子迁移过程中，若膜的固定电荷与离子的电荷相反，则离子可以通过；若它们的电荷相同，则离子被排斥，从而实现溶液淡化、浓缩、精制或纯化等目的。其具有对分离组分选择性高、对预处理要求较低、装置设备与系统应用灵活、操作维修方便、装置使用寿命长、原水回收率高、不污染环境等优点。因此，早在20世纪50年代，美国、英国就开始将其应用于苦咸水淡化，80年代在中国得以应用。1981年，中国在西沙永兴岛建成了日产200t淡化水的电渗析海水淡化站，采用二组10级一次连续流程，原水含盐为3500mg/L，产出淡水含盐为50mg/L，总电耗165kW・h，接近日本水平。同一时期，山东省长岛县有5处苦咸水淡化示范工程，其中4座电渗析试验站于1987年投产运行，经统计分析年淡化能力达10万m^3，耗电量为1.43～45kW・h，脱盐率达70%，淡水回收率在40%～50%，淡化水矿化度小于1000mg/L，解决了部分群众的生活用水问题，年经济效益达1719万元。沧州市水务工作者运用组装式电渗析法淡化苦咸水，预处理系统包括石英砂过滤器、活性炭过滤器滤芯过滤器和陶芯过滤器。最终产水含盐量为10～304mg/L，脱盐率达80%～90%。河北省建有4座苦咸水淡化站，利用电渗析法淡化苦咸水，原水进入电渗析装置前先经石英砂过滤，再经过精密滤芯过滤，出水经分析测试，各项指标均达到《生活饮用水卫生标准》（GB 5749—2022），且成本仅为3.8元/t。黄骅市官庄村苦咸水淡化工程也采用电渗析法，经淡化后的出水，各项检测指标均符合国家《生活饮用水卫生标准》（GB 5749—2022），但其也具有局限性，具体表现为对高锰酸盐指数、氨氮、亚硝酸盐氮、硝酸盐氮及硅的去除率较低，仅为15%～45%，但因原水中上述指标含量较低，因此其去除率虽低，但能满足《生活饮用水卫生标准》（GB 5749—2022）对SO_4^{2-}限值的要求。

5.3.3.4 工艺前景分析

电渗析技术研究始于20世纪初的德国[134]，直至20世纪50年代离子交换膜的制造进入工业化生产后，电渗析技术才进入实用阶段，最早成功运用的是海水及苦咸水的淡化。1960年，日本开始进行电渗析在海水制盐方向的应用研究[135]。填充床电渗析（EDI）作为最早的电渗析脱盐技术，始于1950年。该技术融合了离子交换法以及电渗析技术的优势，实现了持续深度脱盐。EDI技术的优点在于不需要酸碱再生、使用寿命长等[136]，缺点在于制水成本较高、脱盐过程产生氢气和氧气，容易发生爆炸。从20世纪50年代到21世纪初，双极性膜获得了极大的发展，双极膜电渗析（EDMB）作为一种新兴的离子交换膜，可以不加入其他组分，并可将溶液中的盐转变为对应酸及碱，该技术的优点在于淡化海水过程简单、废物排放少、能效高等。20 世纪 80 年代末期，开发出倒极电渗析[137]，使得困扰电渗析技术的膜结垢问题得以消除，大力推动了电渗析技术的快速进步及应用。

电渗析过程能耗与溶液中的含盐量有关，含盐量越高，能耗越高[138]，所以电渗析技术更适用于苦咸水脱盐。对于我国来说，电渗析技术的研究相对其他一些国家较晚，但发展却非常快。

我国于 1957 年开展关于电渗析的研究，于 1964 年研发出首台小型电渗析淡化装置[136]。1981 年，在西沙永兴岛建成我国首座大规模的电渗析海水淡化工厂，日产水量为 200m^3。当前我国自行制造的电渗析装置单台日产淡水量可达 50m^3，国内投入实际生产的装置已达到 4000 多台，日产淡水量在 1000m^3 以上的电渗析脱盐工厂就有数十个之多[139]。

为了适应不同原水水质的需求，达到更优的处理效果，可以采用多种工艺组合的方式，如电渗析-超滤工艺、反渗透-电渗析等。这样不仅可以提高出水质量，克服单一工艺的缺点，而且能够有效地降低灌溉成本，应用优势较大。

5.4 应用示范

5.4.1 示范点概况

直供型饮用水导向性电渗析技术示范点位于陕西省咸阳市礼泉县昭陵镇，年平均气温 12.96℃，无霜期 214 天，年平均降水量 537～546mm。四季分明，雨热同季，是典型的暖温带半干旱大陆性季风气候。因其地处黄土丘陵区，地形切割强烈，导致地表水资源短缺，俗称“渭北旱腰带”。礼泉县可利用的水资源面积约为 5000 亩❶，水能资源 100 万 kW，地下水补给量 1.2 亿 m^3[140]。2019 年，礼泉县水资源总量 14247.4 万 m^3，其中城区供水量 349 万 m^3，农村集中供水量 619.2 万 m^3。全区共 26.7 万农村

❶ 1 亩≈0.0667hm^2。

人口，目前10.33万人存在用水困难问题，占总人口的38.7%。受地理、气候条件限制，地下水成为当地居民的生活用水来源。礼泉县共有各类配套水井2044眼，主要分布在南部黄土塬和山前冲洪积平原区，约占开采量的80%以上。其中，地下水开采大部分局限于浅井开采松散层地下水，至今仍存在着取水困难、饮用水源氟、矿化度严重超标等问题[141]。2022年，中国科学院生态环境研究中心针对苦咸水地区存在的高碱、高盐、高氟、高硬度等溶解性离子污染问题联合研发了一、二价阴阳离子选择性分离离子交换膜、多段多点进料电流控制选择性电渗析膜堆、极水脉冲加酸、停车倒极、“记忆恢复”抗电源不稳定自动控制和“电渗析-消毒”耦合等技术，开发直供型饮用水导向性电渗析技术与装备，并在示范点开展试运行与应用。

5.4.2 设计规模与目标

5.4.2.1 设备尺寸

（1）设备：长1.1m，宽1m，高1.2m，重量200～300kg。

（2）电源供给：电源要求380V，设备总功率5kW，主要为浓水泵、淡水泵各1个，输送泵1个。

（3）水箱：如果井水直供，设置浓水箱1个（1t）、产水缓冲箱1个（3t）；如果井水不直供，设置原水桶1个（1t）、浓水箱1个（1t）、产水缓冲箱1个（3t）。

（4）厂房尺寸：4m×3m×3.3m。

5.4.2.2 设备产水量

为展示陕西省咸阳市农村直供型饮用水电渗析长期运行过程中是否可以满足当地人生活用水量，统计了运行过程中的产水量和产水率。

电渗析长期运行每小时产水量如图5.5所示，可以看出不同时间段对饮用水的需求量不一致，平均每小时产水量约为29.26m^3，产水量可根据用水需求调整。

图5.6统计了电渗析长期运行过程中的每天产水率，可以看出，电渗析的产水率高于90%，平均产水率约为94%，高产水率能够满足当地生活用水需求，有效地减少了浓水的排放。

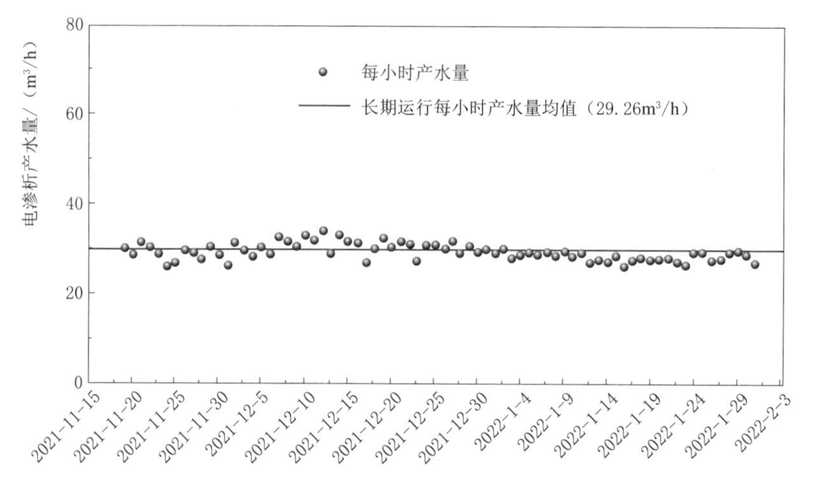

图5.5 电渗析长期运行每小时产水量

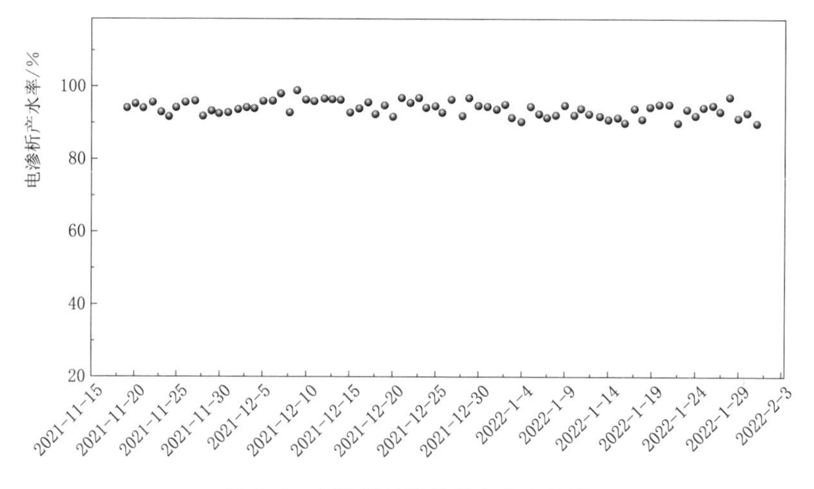

图5.6 电渗析长期运行产水率监测

5.4.2.3 设备产水水质

如表5.1所示，经过电渗析处理后的地下水中夏季除氟效率达到34%以上，除氯效率达到48%以上；电渗析处理前原水电导率约为833μS/cm，且相对稳定，经电渗析处理后产水为178～514μS/cm，去除了50%左右的可溶解性物质，产水中F^-浓度均低于1.0mg/L，冬季除氟效率达35%以上，除氯效率达到59%，且各项指标满足《生活饮用水卫生标准》（GB 5749—2022）的要求。

表 5.1 中试现场冬夏季电渗析运行效果

季节	水样性质		pH 值	电导率/(μS/cm)	TDS/(mg/L)	F^-/(mg/L)	Cl^-/(mg/L)
夏季	原水		7.14	839	503	1.45	31.3
	产水	1 号水样	7.63	514	309	0.963	16.2
		2 号水样	7.50	339	200	0.676	8.21
		3 号水样	7.20	178	107	0.350	3.06
	排水（浓）		7.27	4330	2410	4.29	213
冬季	原水		7.59	692	381	1.42	62.3
	产水	4 号水样	7.84	673	370	0.683	25.3
		5 号水样	7.64	699	384	0.918	12.3
		6 号水样	8.04	860	516	0.322	0.780
	排水（浓）		7.13	1802	991	2.84	353.6

5.4.3 处理工艺研究

5.4.3.1 可行性分析

电渗析技术是基于离子交换膜靠电势驱动的分盐工艺，由离子交换聚合物制成的离子交换膜选择性地定向传输带电离子，并拒绝带相反电荷的离子通过。电渗析技术产水率高，投资和运行成本较低，且占地面积少。与传统活性氧化铝吸附相比，不会产生二次污染，同时操作简单、经济方便，处理 1t 氟含量超标的地下水平均耗电量为 0.027kW·h，具有经济性和可行性，实现了低成本除氟。

5.4.3.2 处理工艺流程

直供型饮用水导向性电渗析实验装置用于陕西省咸阳市礼泉县农村供水项目昭陵南片区生活饮用水的处理，可解决饮用水氟超标的问题。设备采用了选择性脱氟、极水加酸、停车倒极、电渗析进水预处理等关键技术，可有效降低水中的氟含量，从根本上解决饮用水安全问题。直供型饮用水导向性电渗析设备流程图和实际装置如图 5.7 和图 5.8 所示。

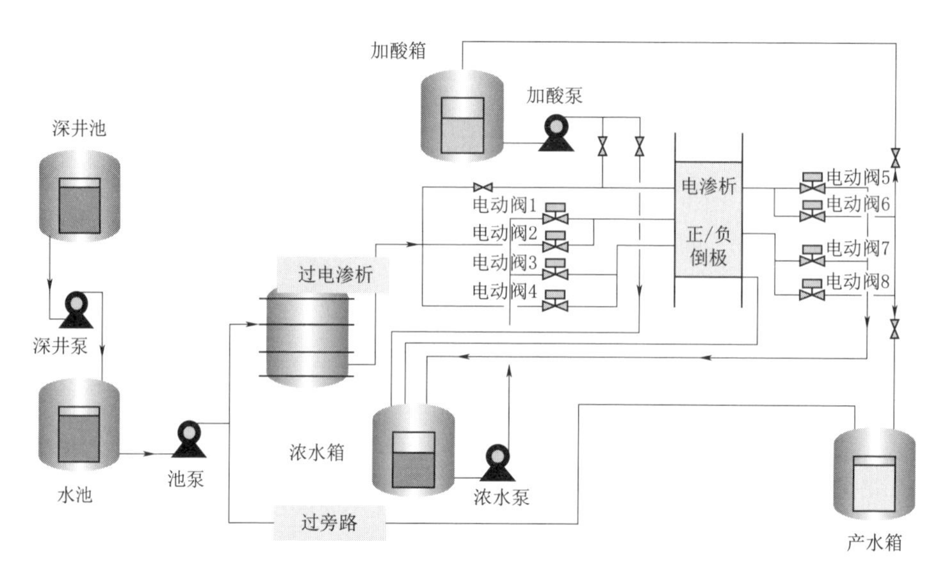

图 5.7 直供型饮用水导向性电渗析设备流程图

图 5.8 直供型饮用水导电性电渗析实际装置图

5.4.3.3 实际处理效果

直供型饮用水导向性电渗析实验设备自 2021 年 11 月 19 日至 2022 年 1 月 31 日试运营，经过 74 天数据进行统计分析，整个工艺均达到和超过设计要求，出水水质稳定且低于设计出水指标。

5.4.3.4 工艺参数优化

1. 中试电压对电渗析除氟、氯的影响

(1) 电压对电渗析除氟、氯的影响。考虑到电压对 F^-、Cl^- 选择性分离效率的影响，在不同电压和流速条件下进行了中试实验，分析了电渗析处理后样品中的 F^- 和 Cl^- 浓度，并计算了 F^- 的选择性分离系数，表征不同外加条件对电渗析处理效果的影响。

为了探究中试实验中不同外加电压对电渗析设备处理陕西省礼泉县农村供水中心水源中的 Cl^- 和 F^- 的去除效果，分别设置进水流量为 5.5cm/s、6.6cm/s 和 8.8cm/s，调节外加电压为 35V、65V、95V 和 125V 进行电渗析除氟实验，通过阴离子色谱仪对原水及处理后的水样进行分析，实验结果如图 5.9～图 5.11 所示。

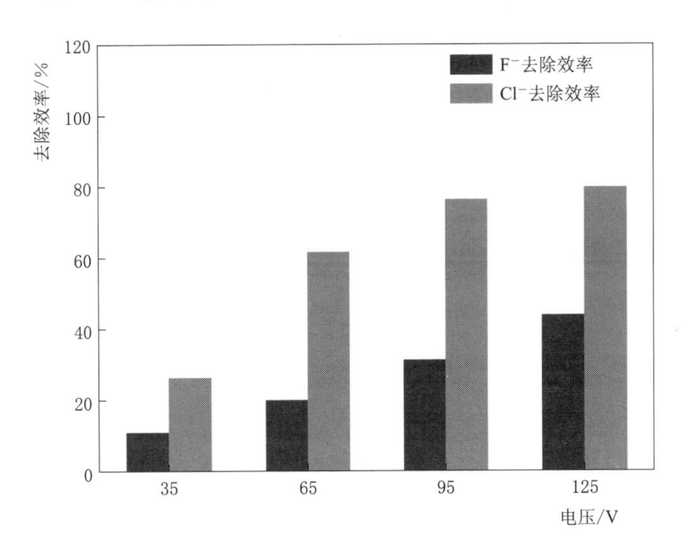

图 5.9 流速 5.5cm/s 时不同电压对离子去除效率的影响

分析图 5.9 可知，电渗析进水流速维持在 5.5cm/s 时，随着外加电压的增加，Cl^- 和 F^- 的去除效率提高，其中电压从 35V 提升到 125V 时，Cl^- 去除效率从 25.68％提高为 79.00％，F^- 去除效率从 10.34％提高为 43.31％，且处理水中的 Cl^- 和 F^- 均低于世界卫生组织（WHO）规定的饮用水标准。

对图 5.10 分析可知，F^- 和 Cl^- 的去除效率与电渗析的外加电压呈正相关关系，电压从 35V 提升到 125V 时，Cl^- 去除效率从 39.81％提高为

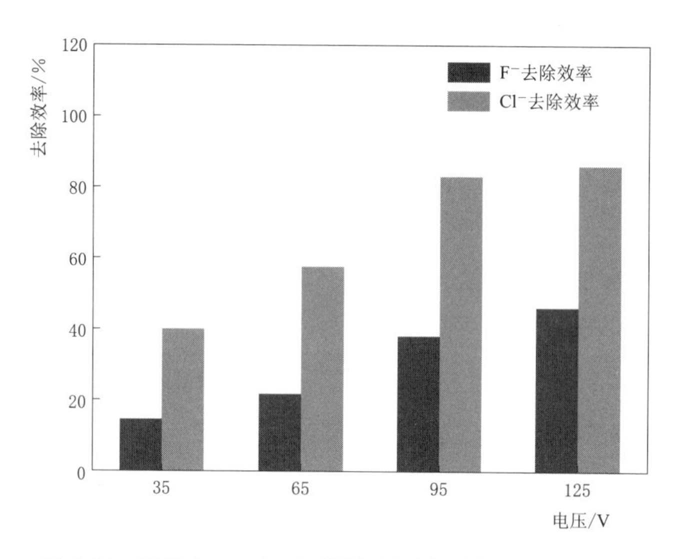

图 5.10 流速 6.6cm/s 时不同电压对离子去除效率的影响

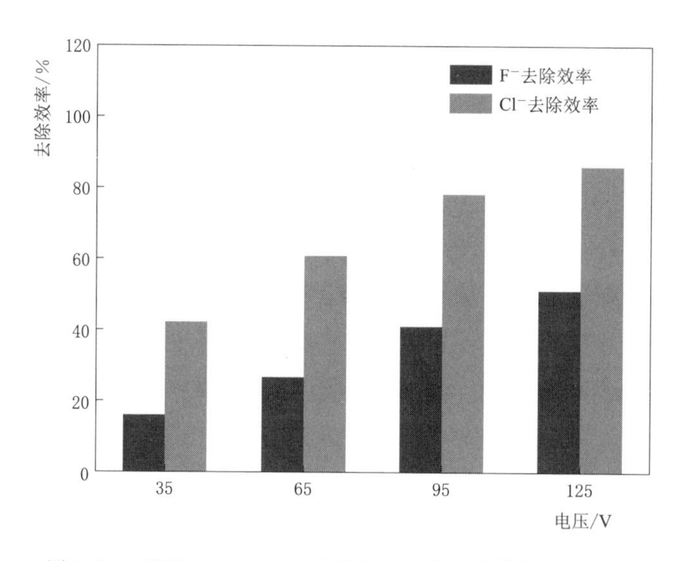

图 5.11 流速 8.8cm/s 时不同电压对离子去除效率的影响

85.43%，F^-去除效率从 14.48%提高为 45.69%。

分析图 5.11 可知，电压从 35V 提升到 125V 时，F^- 和 Cl^- 的去除效率呈现增加的趋势，Cl^- 去除效率增加了 44.05%；电压为 125V 时，Cl^- 去除效率高达 86.59%，而 F^- 去除效率增加了 35.21%；电渗析外加电压为 125V 时，F^- 去除效率可达到 51.41%。

综上所述，通过对不同电渗析操作条件下 F^-、Cl^- 去除效率分析可以发现，增加外加电压可以提高 F^- 和 Cl^- 的去除效率，当外加电场强度高于95V 时，电渗析可以有效地去除地下水中的 Cl^-，且去除效率出现明显的升高，F^- 的最终浓度小于 1.0mg/L，符合《生活饮用水卫生标准》（GB 5749—2022）的要求。无论何种电压和流速条件下，电渗析始终可以将地下水中 F^- 处理至规定标准限制以下，且随着电压的增加，处理效果越好。

（2）电压对 F^- 选择性分离效率的影响。为了探究电压对 F^- 选择性分离效率的影响，分别计算了进水流速为 5.5cm/s、6.6cm/s 和 8.8cm/s 时不同外加电压下的 F^- 选择性分离系数，实验结果如图 5.12～图 5.14所示。

如图 5.12 所示，电压从 35V 增加到 125V 时，F^- 选择性分离系数从0.505 减小至 0.305，F^- 的选择性提高了 65.6%。

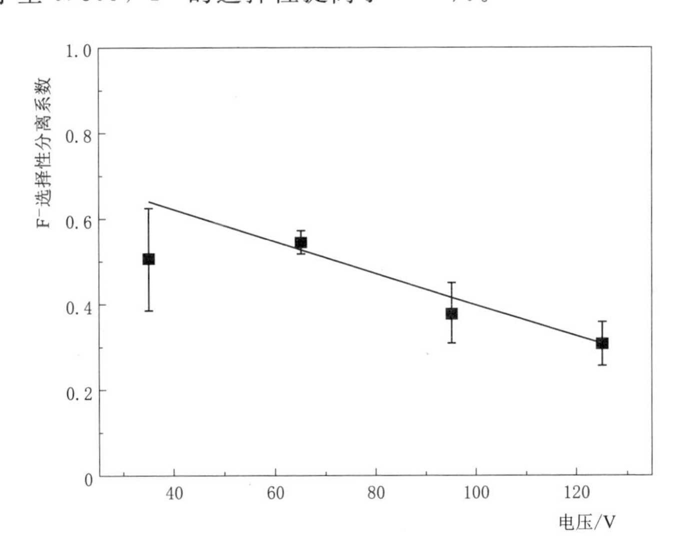

图 5.12　流速 5.5cm/s 时电压对 F^- 选择性分离系数的影响

从图 5.13 中可以看出，F^- 选择性分离系数与电渗析的外加电压呈反比关系，当电压从 35V 增加到 125V 时，F^- 选择性分离系数从 0.603 降低至 0.315，F^- 的选择性提高了 91.4%。

图 5.14 为电渗析进水流速为 8.8cm/s 时电压从 35V 增加至 125V 过程中 F^- 选择性分离系数的变化趋势。可以看出，F^- 的选择性分离系数与电渗析外加电压呈反比，由 0.448 减小为 0.319，F^- 选择性提高了 40.4%。

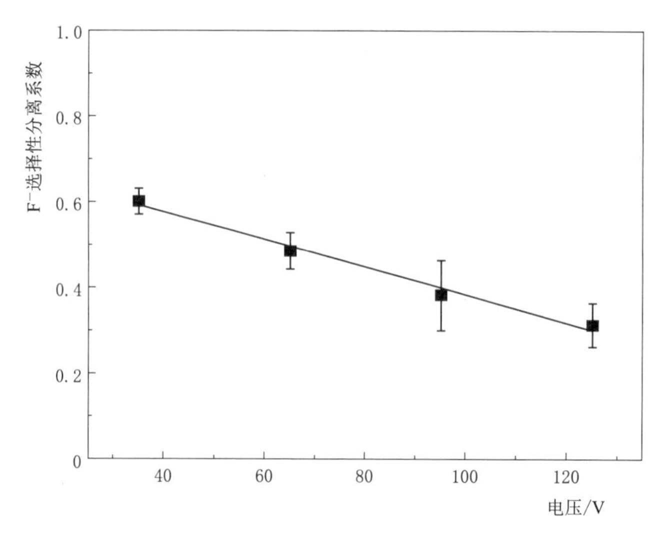

图 5.13 流速 6.6cm/s 时电压对 F^- 选择性分离系数的影响

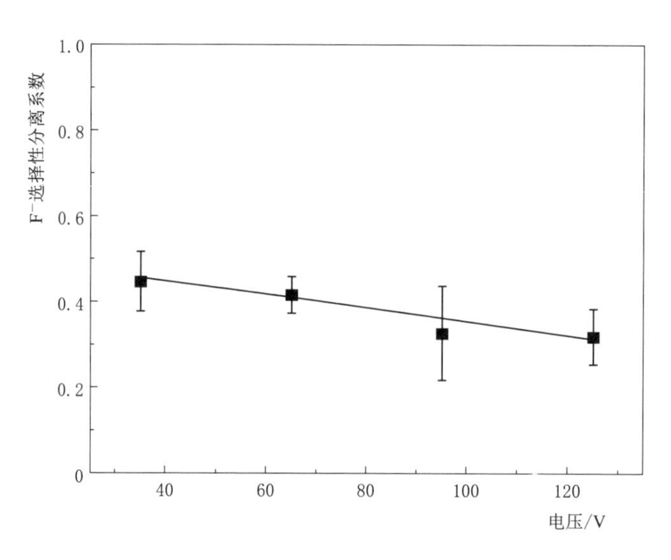

图 5.14 流速 8.8cm/s 时电压对 F^- 选择性分离系数的影响

2. 进水流速对电渗析选择性除氟的影响

（1）流速对电渗析除氟、氯的影响。为了优化进水流速对电渗析水处理过程中 Cl^- 和 F^- 去除效率的影响，分别在电压 35V、65V、95V 和 125V 条件下改变电渗析进水流速为 5.5cm/s、6.6cm/s 和 8.8cm/s 进行中试实验，通过阴离子色谱仪分析了不同电渗析操作条件下处理水样中 F^- 和 Cl^- 的初始浓度和最终浓度并计算了离子去除效率，试验结果如图

5.15～图 5.18 所示。

图 5.15 为电渗析外加电压为 35V 时，进水流速分别为 5.5cm/s、6.6cm/s 和 8.8cm/s 条件下，F^- 和 Cl^- 的去除效率的变化情况，分析可知，随着电渗析进水流速增加，F^- 和 Cl^- 去除效率增加，其中 F^- 去除效率从 10.34%增加为 17.93%，Cl^- 去除效率从 25.68%增加到 42.54%，表明增加电渗析进水流速可以提高电渗析中离子的去除效率。进水流速的增大使得处理水在电渗析膜堆中的停留时间提高，通过离子交换膜的离子通量更大，因而离子去除效率越高。

从图 5.16 中可知，进水流速从 5.5cm/s 增加为 8.8cm/s 时，F^- 的去除效率从 19.66%提高到 26.55%，电渗析除氟效率提高了 6.89%；Cl^- 的去除效率相对较稳定，约为 60.00%。

从图 5.17 可知，电渗析外加电压为 95V 时，F^- 和 Cl^- 去除效率随电渗析进水流速的增加而升高，其中 Cl^- 的去除效率远高于 F^- 的去除效率，其主要原因是原水中 Cl^- 初始浓度远高于 F^-，因此电渗析过程中 Cl^- 去除效率相对较大。进水流速从 5.5cm/s 增加为 8.8cm/s 时，F^- 去除效率提高了 5.76%，Cl^- 去除效率提高了 3.05%，变化量相对较小，主要原因是因为高流速时，Cl^- 和 F^- 在离子交换膜表面形成的扩散边界层厚度不一致导致。

从图 5.18 可知，外加电压为 125V 时，电渗析进水流速提高有利于提高 Cl^- 和 F^- 的去除效率。对于 Cl^-，进水流速从 5.5cm/s 增加为 8.8cm/s

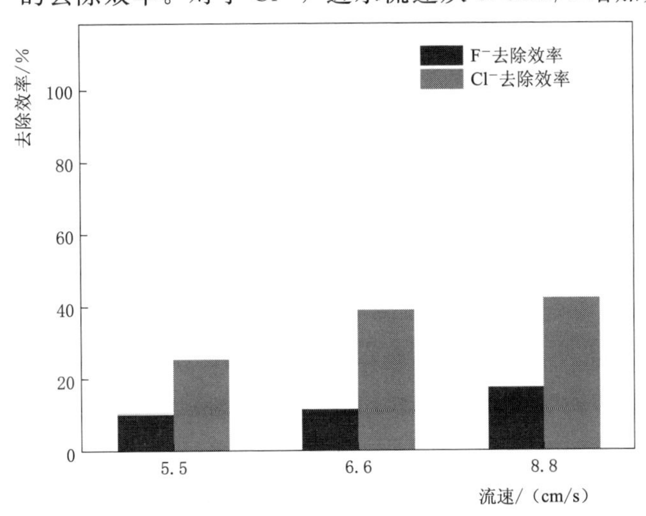

图 5.15 电压 35V 时流速对离子去除效率的影响

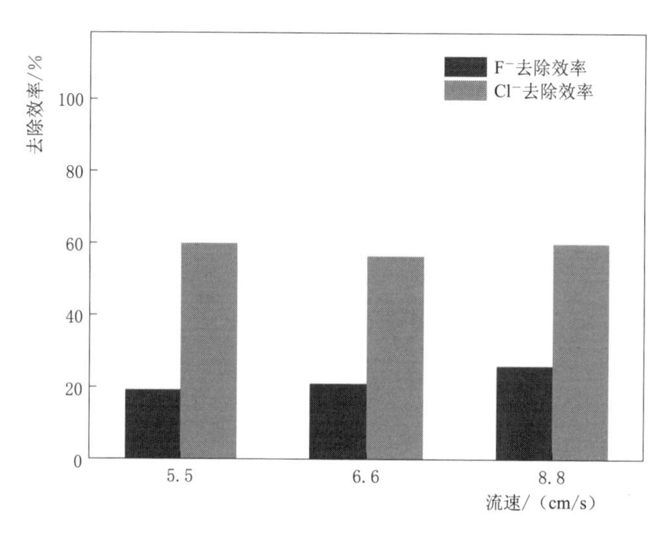

图 5.16 电压 65V 时流速对离子去除效率的影响

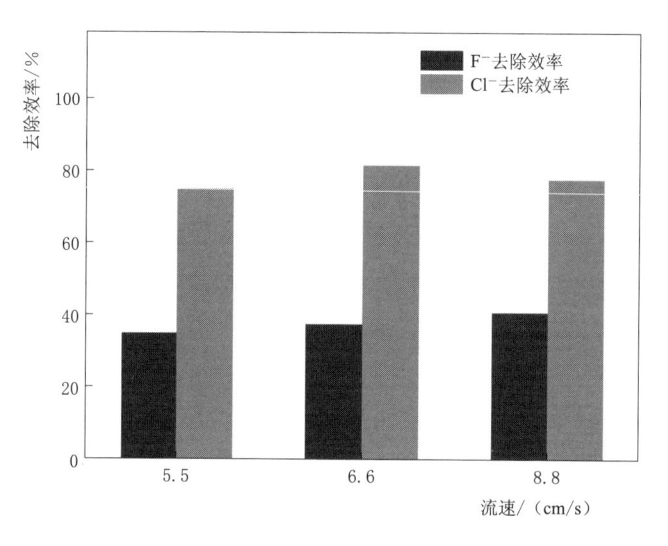

图 5.17 电压 95V 时流速对离子去除效率的影响

时，离子去除效率从 79.00%增加到 86.59%；对于 F^-，去除效率从 43.31%增加到 51.41%。因此，电渗析进水流速提高有益于提升电渗析过程中离子的去除效率。

(2) 流速对 F^- 选择性分离系数的影响。为优化电渗析进水流量对 F^- 选择性分离系数的影响，分别计算了外加电压为 35V、65V、95V 和 125V 时不同流速下的 F^- 选择性分离系数，得到如图 5.19～图 5.22 结果所示。

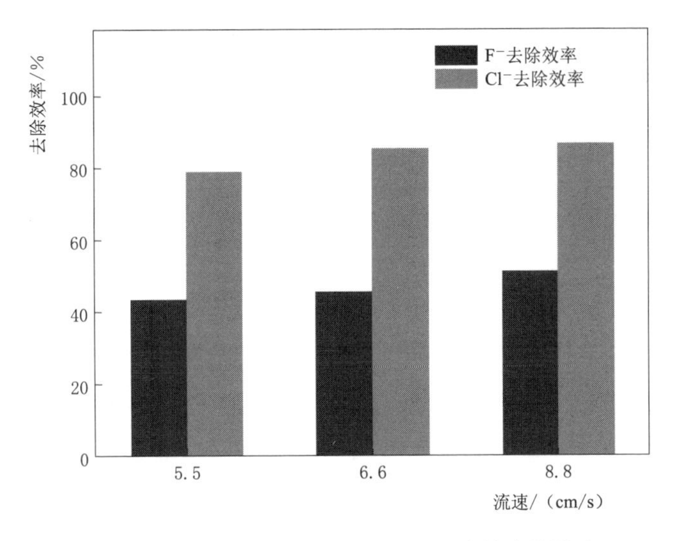

图 5.18　电压 125V 时流速对离子去除效率的影响

根据图 5.19 所示的外加电压为 35V 时，不同进水流速下的 F^- 选择性分离系数可以看出，流速从 5.5cm/s 增加为 8.8cm/s 时，F^- 选择性分离系数从 0.319 减小至 0.305，F^- 选择性提高 4.6%。F^- 的选择性分离效率相对稳定，可见，在低电压时流速对 F^- 选择性分离系数的影响较小。

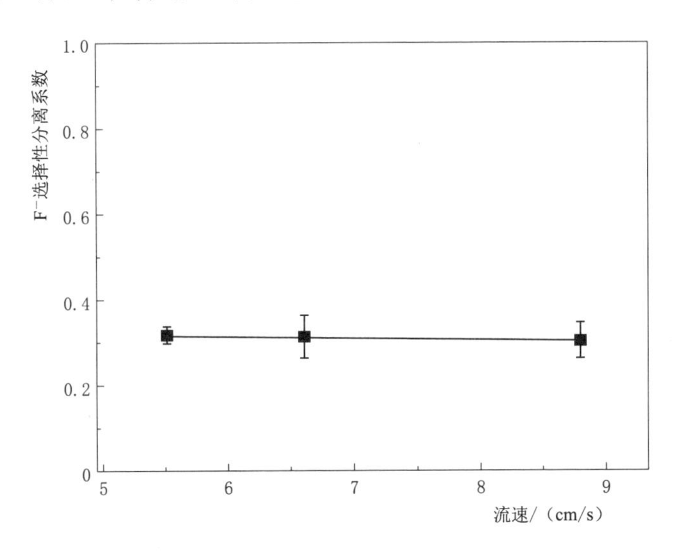

图 5.19　电压 35V 时流速对 F^- 选择性分离系数的影响

图 5.20 为电渗析外加电压为 65V 时，进水流速从 5.5cm/s 增加为 8.8cm/s 过程中 F^- 选择性分离系数的变化情况，可以看出 F^- 的选择性分

离效率与电渗析进水流速呈负相关，从 0.384 减小为 0.326，F^- 选择性提高 17.8%。

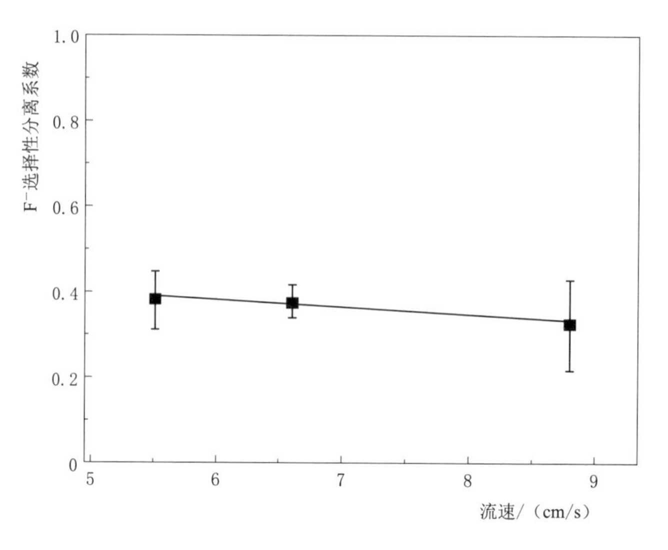

图 5.20 电压 65V 时流速对 F^- 选择性分离系数的影响

图 5.21 为电渗析外加电压为 95V 时，进水流速从 5.5cm/s 增加为 8.8cm/s 过程中 F^- 选择性分离系数的变化情况，可以看出，F^- 选择性分离系数从 0.545 降低至 0.418，F^- 的选择性提高了 30.4%。

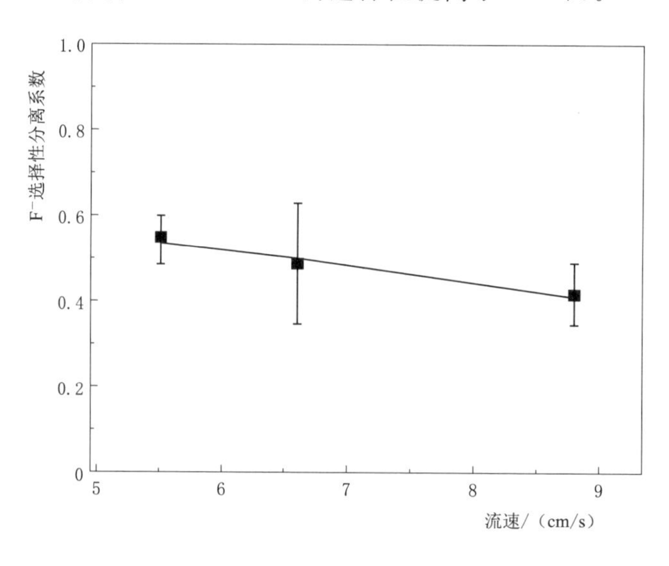

图 5.21 电压 95V 时流速对 F^- 选择性分离系数的影响

图 5.22 为电渗析外加电压为 125V 时，进水流速从 5.5cm/s 增加为 8.8cm/s 过程中 F^- 选择性分离系数的变化情况，分析可知 F^- 选择性分离系数与进水流速呈反比关系，流速增大 3.3cm/s，F^- 选择性分离系数从 0.603 减小至 0.448，F^- 的选择性提高了 34.6%。

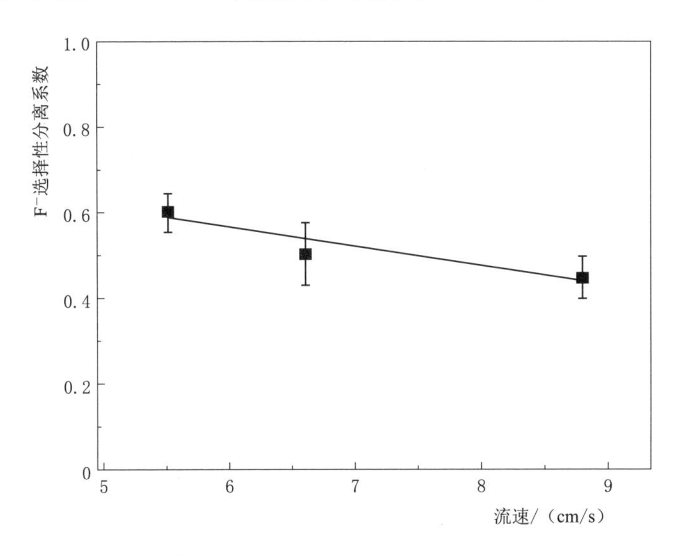

图 5.22　电压 125V 时流速对 F^- 选择性分离系数的影响

5.4.3.5　实际处理效果

直供型饮用水导向性电渗析实验设备自 2021 年 11 月 19 日至 2022 年 1 月 31 日试运营，分别对电渗析连续运行 74 天产水电导率和 F^- 浓度监测数据进行统计分析，整个工艺均达到设计要求，出水水质稳定且优于设计出水指标，其出水长期运行电导率和 F^- 浓度监测结果如图 5.23 和图 5.24 所示。

1. 产水电导率

图 5.23 显示了电渗析处理前原水的电导率和经电渗析处理后产水的电导率变化情况。可以看出，电渗析处理前原水电导率约为 833μS/cm，且相对稳定，经电渗析处理后产水为 200～500μS/cm，电渗析处理去除了 50%以上的可溶解性物质，有效解决了陕西咸阳农村地下苦咸水中离子超标的现状，从根本上解决了微量离子超标对人体健康潜在威胁。

2. F^- 去除效果

从直供型饮用水电渗析长期运行除氟结果（图 5.24）分析可知，原水

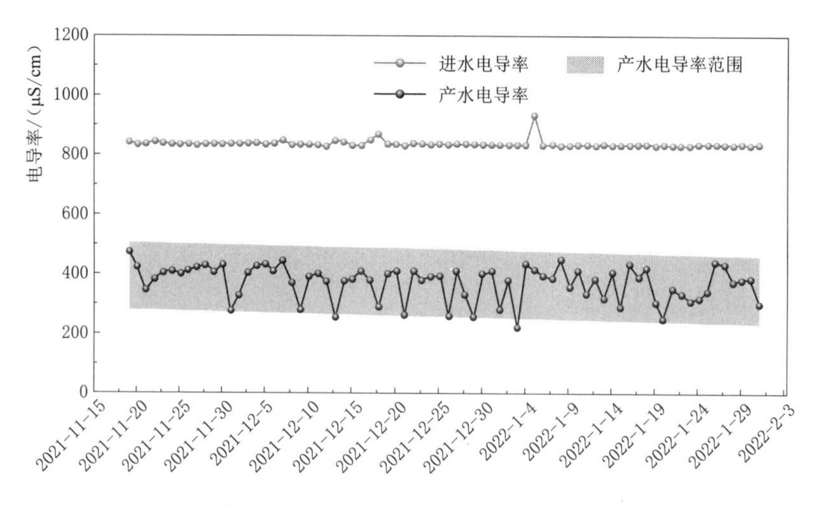

图 5.23 电渗析长期运行电导率监测

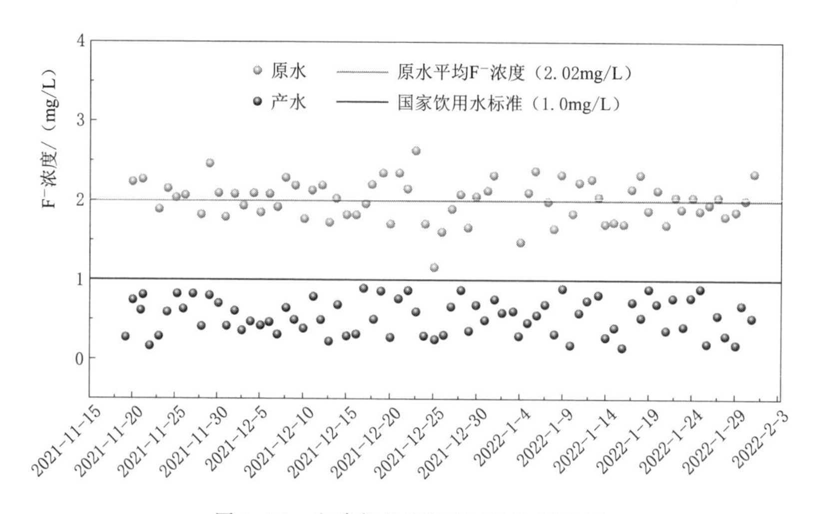

图 5.24 电渗析长期运行 F^- 浓度监测

F^- 平均浓度约为 2.02mg/L，经处理后的产水中 F^- 浓度为 0.2～0.9mg/L，低于 1.0mg/L，满足《生活饮用水卫生标准》（GB 5749—2022）规定的饮用水标准限值，且维持相对稳定，电渗析水处理除氟从根本上解决了我国西北地区地下水中 F^- 超标的问题。

为保证水质安全性以及检验结果的客观性，将陕西省咸阳市礼泉县昭陵镇示范点水样送至第三方检测公司进行检验，检测项目为总大肠菌群、菌落总数、高锰酸盐指数（以 O_2 计）、氟化物等共计 16 项水质指标（表 5.2），检测结果均符合《生活饮用水卫生标准》（GB 5749—2022）指标浓度限值要求，保障了陕西省咸阳市礼泉县昭陵镇示范点村民饮水安全。

表 5.2　直供型饮用水导向性电渗析装备出水水质检验报告

序号	检测项目	单位	标准限值	检验结果
1	TDS	mg/L	≤1000	212
2	肉眼可见物		无	无
3	pH 值		6.5≤pH≤8.5	7.6
4	铝	mg/L	≤0.2	<0.0006
5	铁	mg/L	≤0.3	<0.0009
6	锰	mg/L	≤0.1	0.000188
7	铜	mg/L	≤1.0	<0.00009
8	锌	mg/L	≤1.0	0.0105
9	氯化物	mg/L	≤250	36.0
10	臭和味		无异臭、异味	无异臭、异味
11	总硬度（以 $CaCO_3$ 计）	mg/L	≤450	68.8
12	高锰酸盐指数（以 O_2 计）	mg/L	≤3	1.69
13	总大肠菌群	MPN/100mL	不得检出 10	未检出（<2）
14	浑浊度（散射浑浊度单位）	NTU	≤1	<0.5
15	氟化物	mg/L	≤1.0	0.394
16	硝酸盐（以 N 计）	mg/L	≤10	2.28

5.4.4　处理成本分析

为了评价直供型饮用水电渗析除氟的经济性，对电渗析的除氟成本进行了估算［以 0.55 元/(kW·h) 计算］，成本如图 5.25 所示。

从图 5.25 分析计算可知，74 天连续运行过程中电渗析平均吨水处理成本为 0.015 元，处理 1t 氟含量超标的地下水平均耗电量为 0.027kW·h。综合分析，直供型饮用水电渗析在选择性去除饮用水中的 F^- 在长期运行中成本相对较低，具有经济性和可行性。

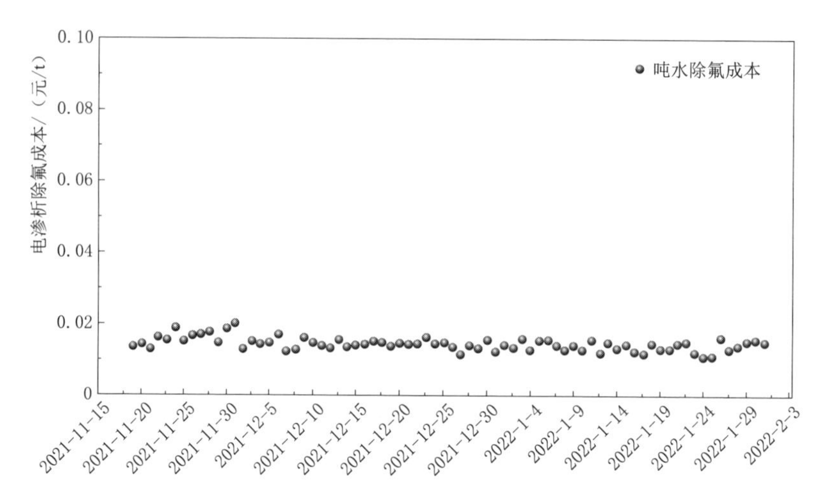

图5.25 电渗析长期运行吨水除氟成本

5.4.5 运行管理维护

5.4.5.1 运行前的准备

(1) 检查电渗析极室、浓室和淡室的进出管路连接是否正确，电路是否完好。

(2) 清洗储液罐，将去离子水分别注入各个储液罐，开泵清洗10min。

(3) 向极室加入电极液。

(4) 打开3个循环泵直至各个隔室没有气泡后接通设备电源。

5.4.5.2 运行中的管理

设备自动运行过程中，如遇故障等问题，设备将自动开启报警，此时需人工进行设备检查，使故障复原。

第 6 章

沿海地区海咸水净化技术

6.1 沿海地区海咸水水质特征及污染物来源

6.1.1 水质特征

海咸水入侵是指由于陆地淡水水位下降而引起的海水或高矿化地下咸水直接侵染地下淡水层的一种环境地质恶化现象，主要表现为地下水溶解性总固体、卤素离子等含量升高，是人类在沿海地区的社会活动导致的一种人为自然灾害，已成为制约沿海地区社会经济发展的重要因素。

6.1.2 污染物来源

6.1.2.1 氯离子

Cl^-是海水中主要的阴离子和稳定存在的常量元素，海水入侵沿海地区含水层的最突出的变化就是地下水中 Cl^- 含量骤增，因此可能导致水源水受到 Cl^-污染。

6.1.2.2 阳离子

Na^+、Mg^{2+}、Ca^{2+}、K^+是海水中主要的常量阳离子，海水入侵可以使地下含水层中的多种阳离子浓度值急剧上升。其中，Na^+是海水中含量最高的阳离子，Ca^{2+}、K^+都是海咸水中的特征离子。溶解的 Ca^{2+}、Mg^{2+}遇到 CO_2 溶解生成的 CO_3^{2-} 和海水中的 SO_4^{2-} 发生反应生成碳酸盐和硫酸盐沉淀。

6.1.2.3 有机物

入河口近海的生活污水、工业废水、农牧业排水的不合理排放是海咸水中有机污染物的主要来源。

6.1.2.4 嗜盐细菌

嗜盐细菌生活在盐湖、盐田及海水中，在海水中能存活47天以上，因此海咸水入侵可能导致水源水受到嗜盐细菌污染，甚至影响人的代谢，引起食物中毒。

6.2 沿海地区海咸水处理常用技术

6.2.1 双膜法海水淡化技术

6.2.1.1 技术简介

反渗透膜处理法是海水淡化工艺中常用的方法。为了减轻反渗透的负担，通常需要进行预处理，常用的工艺有絮凝沉淀和砂滤等。随着水处理技术的发展，反渗透系统对进水水质的要求更加严格。同时，海水水质变化明显，随着涨潮、落潮以及天气变化等，水质往往有较大的差异。超滤+反渗透的双膜法技术可以很好应对上述问题，得到了广泛应用[142]。双膜法海水淡化技术采用超滤代替了传统水处理方法中的混凝、絮凝、沉淀、过滤等工艺流程，超滤出水达到反渗透设备进水要求，直接进入反渗透系统中，无需复杂的前期预处理过程。双膜法海水淡化设备是一体化集成设计，具有安装与维护管理简便、设备占地小、工艺灵活的优点。双膜法是将待处理水样通过超滤装置进行预处理，预处理工艺条件可根据水质情况进行调节，保证后续水样进入反渗透装置时具有较好的水质，减轻反渗透膜表面的污染，维持反渗透膜长期运行时的水通量，降低运营成本。双膜法采用全自动运行，操作人员的工作负荷较低，在国内外已实现工厂无人值守的自动运行[143]。

6.2.1.2 技术应用

双膜法工艺在应用过程中，超滤装置和反渗透装置的运行参数对出水水质和运行成本影响较为明显。对于超滤装置，主要操作条件有超滤压差、透过率、产水流量、过滤周期、化学强化反洗周期等。对于反渗透装置，主要操作条件有反渗透进水压力、阻垢剂投加量等。刘彦涛[143] 对青岛市海水淡化系统进行了研究和参数优化设计，该双膜法海水淡化处理厂可以提供10万 m^3/天的产水量，比起同等规模的传统热法海水淡化处理厂，每吨产水成本可降低 64%。同时，反渗透后的浓水含盐量高，可将浓水引入制碱厂作为制碱用水，降低制碱成本。范功端等[144] 对沿海地区海水倒灌产生海咸水问题进行了研究，研究表明，采用超滤/反渗透一体化处理设备可以有效去除海咸水中 Cl^-、TDS 和浊度。装置脱盐率达 97%以上，回收率稳定在 72%～84%，最终出水水质满足《生活饮用水卫生标准》(GB 5749—2022) 的要求。

6.2.1.3 适用范围

双膜法适用于沿海地区海咸水的处理。双膜法设备具有一体化集成、安装维护便捷、设备占地小、出水稳定、运行效果受水源水质变化影响小的特点，尤其适用于沿海地区分散村镇的饮用水处理，有助于降低投资，提高供水效率。

6.2.2 电渗析海水淡化技术

6.2.2.1 技术简介

电渗析海水淡化技术相对于其他技术具有设备操作便捷、维护方便、膜使用寿命长、耐腐蚀等优点，在微小型、分散式的海水淡化饮用水供应设备上，电渗析法得到了广泛的应用，具有良好的应用前景。电渗析海水淡化过程不涉及相变，相比蒸馏法等技术，其能耗要低得多。电渗析装置通常为片状结构，可以根据需求设计成不同级、段的形式，串联应用可提高脱盐率，并联应用可提高产水量。电渗析器一般采用恒流量、恒电压的操作模式调节水质及温度带来的变化，便于实现装置运行的机械化和自动化。电渗析设备只有离子交换膜清洗时才用到少量的酸和碱，其电极产物也可通过回收或者极水循环得到解决。因此，电渗析海水淡化技术具有较高的环境友好性，在合理设计使用的前提下，可以实现零污染[145]。

电渗析海水淡化技术的基本原理为：电渗析装置主要由阴离子、阳离子交换膜，电极以及夹紧装置三部分组成，电渗析过程究其本质而言是电解和渗析扩散两个过程的组合。运用离子交换膜的选择透过性，即阳膜理论上只能透过阳离子，阻碍阴离子透过。阴膜则相反，只允许阴离子透过而阻止阳离子透过。在外加直流电场的作用下，阴离子和阳离子穿过膜进行迁移，从而使得盐离子从浓液中脱除得到淡水[146]。

6.2.2.2 技术应用

电渗析海水淡化工艺的运行效果主要由pH值、电压、电流和浓、淡室初始盐浓度等调控。电渗析海水淡化技术在我国已有大量实际应用，当前我国自行制造的电渗析装置单台日产淡水量可达$50m^3$，国内投入实际生产的装置已达到4000多台，日产淡水量在$1000m^3$以上的电渗析脱盐工厂有数十个[147]。电渗析海水淡化在我国的应用已具有相当的规模，且拥有良好的应用前景。

6.2.2.3 适用范围

电渗析海水淡化装置操作运行及维护简单、离子交换膜使用寿命长、耐锈蚀，在微小型海水淡化装置上有望代替反渗透法。电渗析海水淡化适用于沿海村镇饮用水分散处理工艺中，能够保障沿海村民的饮水安全。

6.2.3 反渗透技术

6.2.3.1 技术简介

反渗透膜是一种特殊工艺制成的半透膜，其加工材料分为醋酸纤维素系列、非纤维素系列、复合膜和无机物类等。它能通过施加外压选择性地使水溶液中的某些成分透过，从而达到脱盐、提纯或浓缩的目的[148]。通过膜的选择透过性，施加压力使得溶剂逆浓度差方向穿过膜向淡水侧移动，从而实现淡化海水的过程，如图6.1所示[149-150]。要实现该过程必须具备高于溶液渗透压的操作压力和高选择性、透水性的半透膜，两者缺一不可。目前，世界上约80%的海水淡化设备都是采用反渗透技术，其淡水产量约占全球总海水淡化产量的44%，我国沿海地区的一些海水淡化项目工程也是以反渗透法为主。与其他海水淡化技术相比，反渗透法具有无相

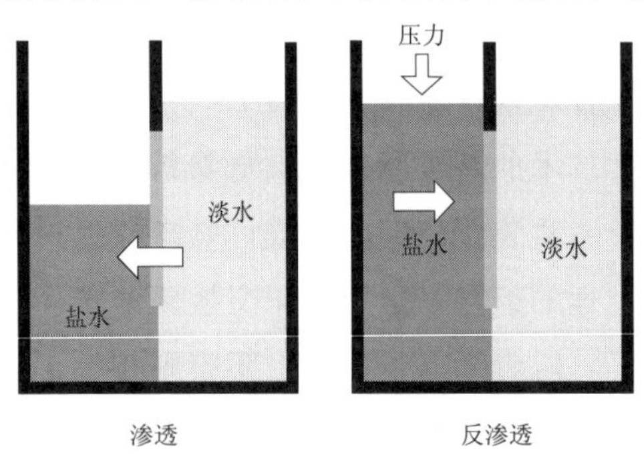

图6.1 反渗透膜工作原理

变、效率高、设备简单、操作方便和适应性强等优点，其中能耗低的优点尤为突出。但预处理要求高、投资和运行费用较高、膜污染及膜的寿命有限和价格昂贵等问题一直制约着其进一步发展，因此研发出具有优良性能的反渗透膜将成为该技术的首选[151-152]。

6.2.3.2 技术应用

1960年，美国研究者S. Loeb成功研制了不对称醋酸纤维膜用于脱盐处理，取得了较高的膜通量。1972年，美国杜邦公司成功研制的B-10型反渗透膜首先应用于海水淡化[153]。

随后美国和日本的研发企业成功研发出三种醋酸纤维素中空纤维反渗透膜，该反渗透膜可以用于海水淡化和淡水处理。1985年对反渗透膜的研究应用呈井喷式发展，反渗透海水脱盐复合膜技术、高回收率反渗透膜工艺等技术的研发成熟和应用使反渗透成为海水淡化领域发展最快的技术。同时随着技术的成熟，海水淡化成本也在不断降低。以色列是世界上先进的膜法海水淡化研发国家，迄今为止，世界上最大反渗透淡化工程位于以色列，日产水量为$3.4\times10^5\ m^3$[153]。

我国从20世纪60年代开始研究反渗透技术。国家海洋局第二海洋研究所成功研制了我国第一台CA膜海水淡化反渗透装置，并在青岛附近的潮连岛进行海水淡化试验。在此之后，我国相关科研单位对反渗透技术进行了大量系统化的研究，在反渗透膜的制备、运行工艺和膜污染控制研究等方面有了很大的进展。通过“七五”攻关和“八五”攻关，我国已经掌握成熟的反渗透生产制备工艺和运行经验。近年来，我国在反渗透淡化工程建设方面取得了较大的进展，杭州水处理技术中心和天津工业大学膜分离工程研究所均研制出了中盐度苦咸水淡化的中空纤维反渗透膜组件，适用于含盐量500～1000ppm的苦咸水淡化，脱盐率达到90%～97%[154-155]。

6.2.3.3 适用范围

反渗透海水淡化技术因为投资成本低、设备简单、产水量大等优点，在国内外海水淡化领域中应用最为广泛，占比达到60%以上。但膜法产水含盐量较高，膜通量受海水温度影响较大。同时由于反渗透膜元件的结构、材质、脱盐机理等条件的限制，反渗透设备对进水有较高的条件要求：进水温度条件在15～25℃；pH值须为2～11；有机物含量（高锰酸盐指数）小于1.5mg/L；浊度应该控制在1.0NTU以下；淤泥密度指数（SDI值）小于4.0；余氯含量小于0.1mg/L。

6.2.4 电容去离子技术

6.2.4.1 技术简介

电容去离子技术（capacitive de-ionization，CDI），又被称作静电脱盐（electronic de-ionization，EDI）、电吸附技术等。电容去离子法不涉及电子得失，是一个非法拉第过程。

电容去离子技术的基本原理是施加静电场，强制带电离子向充有反向电荷的电极板移动[156]（图6.2）。在静电场的作用下，电极界面处形成双电层，厚度一般只有1～10nm。净化时，在电极板上施加电压，待处理的溶液进入通道后，由于电场力的存在，其中带电离子向布满反向电荷的电极移动，吸附于电极表面的双电层中。随着离子在电极表面吸附富集，溶液中的离子浓度降低，最终实现脱盐的目的，得到含盐量较低的产品水。但是随着时间的推移，吸附的力度越来越小，最终吸附到达饱和，出水浓度与进水浓度相同。这时，即可短接或反向加载电压，进行电极再生。该过程中，被吸附的离子失去电场力的作用或者在相反电场力的作用下向溶液中移动，随溶液排出，出水离子浓度增大，实现电极再生。如此反复进行净化再生过程即可实现脱盐的目的。但是需要注意的是，理论上，两极板间的加载电压要小于水解电压1.23V。考虑到该过程中电阻的影响，一般规定加载电压不大于2V[157]。

电容去离子技术是在电场力的作用下，直接将水中的离子吸附分离出

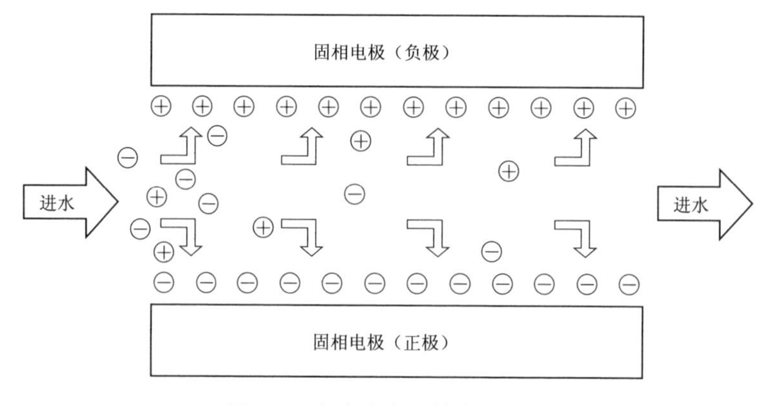

图6.2 电容去离子技术原理图

来，而不是把水分子从原水中分离出来，所以该过程不需要高温高压。电容去离子技术绿色、经济，在处理原水的过程中无需添加药品，不涉及二次污染，只需要供电，且电容去离子耗电量小、能耗低。Likhachev 等[157]研究表明，在吸附达到饱和之后进行放电，再生阶段可以回收 50%～70% 的能量。这一技术的能耗大约为 0.1kW·h/m^3，相比其他海水淡化技术而言，能耗最少。除此之外，电容去离子技术设备维护简单、抗结垢、节省资源，这些优势使得电容去离子技术的应用越来越广泛，拥有广阔的发展前景。

6.2.4.2 技术应用

对于电容去离子技术的研究出现了添加离子交换膜[158]、反向电压脱盐[158]、恒电流操作模式[159] 及能量回收[160] 等新的技术，大量新材料及新制备方法正在快速发展，未来的发展方向不仅要进一步优化传统碳材料的孔尺寸分布和化学组成，也要加大新材料研究力度，研究新的电极构架。

对于电容去离子技术的研究以及对新型造水技术的探索，虽然已经经历了半个多世纪，但是电容去离子技术依然未能从实验室规模转变，发展成为成熟的商业化技术。在 20 世纪末期，美国的两家公司首次尝试将电容去离子技术商业化，为美国军队开发了以电容去离子技术为基础的水处理单元。此后，该技术逐渐进入商业化阶段，已有数家公司设计开发了电容去离子装置，脱除水中的离子，如铁离子、铬离子、硝酸盐等，处理浓盐水、废水及海水等。

国内有关电容去离子技术的研究起步较晚，近几年才逐渐开始研究与应用。爱思特公司研究制造了国内首台电容去离子装置，并在后续研究中研发出一系列的除盐装置，将该技术应用于各个领域，如饮用水的净化、污水回用等。目前，在国内已有相关装置应用于工业生产中。随着该技术的持续发展，必将逐渐得到更广阔的工业应用。

6.2.4.3 适用范围

电容去离子技术具有设备简易、实验条件简单、高效、低能耗、低成本、易维护和对环境无污染等优点，高活性的电极材料是获得其高性能的核心。电容吸附去离子装置采用特殊的碳基惰性材料为电极，抗污染性能较强，少量油类、铁锰、余氯、有机物等对系统影响较小，对各类水质均有良好的适应性。当前，通过使用不同类型的电极材料，电容去离子技术已广泛应用于海水淡化等多个领域，解决了海水淡化耗能巨大、设备复杂等问题。

6.2.5 热膜耦合技术

6.2.5.1 技术简介

热法海水淡化技术作为最早发展的淡化技术，主要包括低温多效蒸馏（LT-MED）、多级闪蒸（MSF）、机械压汽蒸馏（MVC）等工艺。膜分离技术商业化应用较晚，但发展非常迅速。该技术是基于膜的选择透过性，对物质进行分离或者浓缩的一种方法，包括反渗透技术（RO）、超滤技术（UF）、纳滤技术（NF）、正渗透技术（FO）等。热膜耦合是一种先进的海水淡化技术，能够充分发挥热法和膜法两种海水淡化的技术优势，从而降低总体系统的投资费用和运行成本，具有较大的市场潜力。国外的相关研究结果表明，热膜耦合技术不仅可提高热法海水回收率、减少排放热量、降低设备结垢风险，还能提高膜法淡水的产量、简化工艺、提高回收率。

热法和膜法工艺联合使用，利用热法淡化的高纯度产水和膜法淡化工艺生产的低纯度产水进行掺混，达到分质产水的目的，是目前应用最广泛的一种热膜耦合工艺。热法海水淡化工艺可生产高纯度淡水，淡化水含盐量较低（小于25mg/L）[161]，膜法海水淡化工艺淡化水的总含盐量相对较高，约为150～600mg/L。对于一些用水水质需求介于二者的海水淡化厂，无论是选择热法淡化产水还是利用RO产水，都会对资源造成浪费。而一些膜法淡化工程中若利用一级RO产水与热法淡化工艺产水进行掺混，则可以省去二级RO工艺。Hamed[162] 研究显示，与只利用RO淡化产水相比，MSF和RO产水混合系统可节省13%的成本。主要是因为当选择MSF/RO耦合工艺生产混合淡水时，高通量、低脱盐率的RO膜被使用，可有效节约投资成本，而且减少取水量、去掉二级RO工艺以及RO膜寿命的延长，都有助于成本的控制[163]。典型RO-MSF/MED耦合分质产水工艺如图6.3所示。

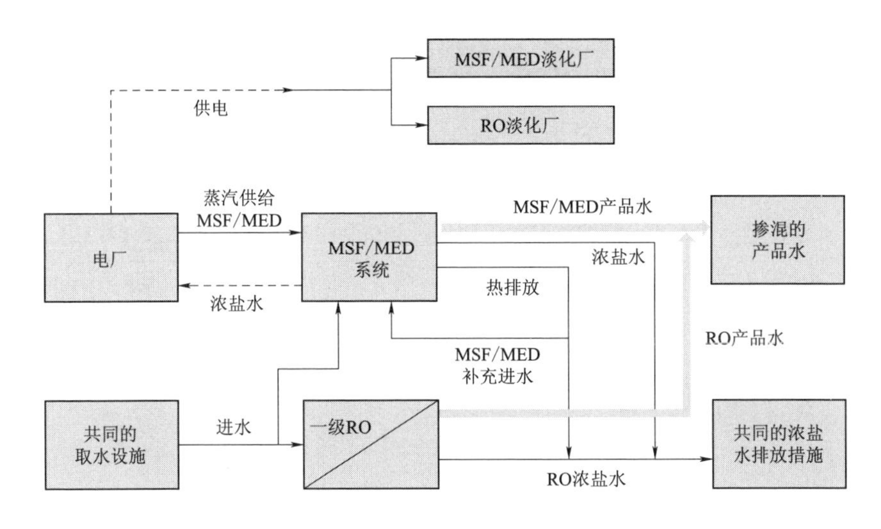

图 6.3 典型 RO－MSF/MED 耦合分质产水工艺

6.2.5.2 技术应用

近年来，热膜耦合海水淡化成为海水淡化领域新的技术趋势。阿联酋和沙特的热膜耦合海水淡化工程，采用热法的 MSF 和膜法的 RO 海水淡化共用取水和排水设施，产水混合比单纯 MSF 减少了 40%的能耗，每年节省成本 6000 万美元[164]。伍联营[165] 以年经济效益为最大目标，采用改进的遗传算法，建立了热膜耦合水电联产海水淡化集成系统的优化模型，分析了反渗透和 MSF 产水量比值对系统的影响，并根据不同时段水、电力需求，求解了调度模型，MSF 保持运行，RO 仅在冬夏季部分时段运行，全年总费用可降低 17.14%。只健强等[166] 建立了 LT－MED/RO 热膜耦合法海水淡化系统，以膜法与热法的产水分配比为优化参数对该耦合系统进行了产水特性及经济性分析与优化。由此可见，热膜耦合海水淡化技术可以进一步提高海水淡化系统的经济性，极具研究价值。

6.2.5.3 适用范围

热法和膜法的耦合淡化系统由于其操作灵活性好、能耗低、建设成本低、设备利用率高以及能源高效和用水匹配性高的特点，使整个淡化体系更加经济合理。相对于单独的热法和膜法，热膜耦合技术的适用范围更广，具体对比情况见表 6.1。

表6.1　　热法、膜法及热膜耦合技术对比

项　目	热法（MED）	膜法（RO）	热膜耦合（MED-RO）
进水温度/℃	0～35	15～25	0～35
海水水质影响	小	大	小
预处理	简单	复杂（SDI<3）	简单
初始投资	最高	较高	高

6.3 推荐处理工艺

6.3.1 氧化抑菌高分子阻垢-双膜法-紫外消毒组合工艺

6.3.1.1 技术简介

氧化抑菌高分子阻垢-双膜法-紫外消毒组合工艺由三部分组成：氧化剂和绿色高分子结合的抑菌阻垢技术、超滤-反渗透双膜过滤和紫外线消毒。

双膜法是将超滤膜和反渗透膜联合使用的一种技术[167]。其中，超滤是一种从溶液中分离出大粒子溶质的膜分离过程，在压力作用下，溶剂以及各种尺寸比膜孔径小的溶质从高压料液侧透过超滤膜到达低压侧，称为超滤液，尺寸比膜孔径大的溶质分子被膜截流成为浓缩液[168]。反渗透膜具有选择性地通过水而截留离子物质的特性，当膜盐水侧的压力大于渗透压时，盐水中的水将流向纯水侧，从而实现溶液中的盐水分离。将超滤技术与反渗透技术进行结合，采用超滤技术代替传统水处理方法中的混凝、絮凝、沉淀、过滤等工艺流程，超滤后的水质达到反渗透设备进水要求，直接进入反渗透系统中，无需复杂的前期预处理过程[169]。但只采用超滤处理单元处理时，超滤膜容易发生堵塞，增加了膜阻力，严重增加了超滤系统的运行能耗。研究表明，造成超滤膜堵塞的主要污染物是有机物，而海咸水中高含盐量容易造成膜表面结垢，致使膜效能的快速下降。

在双膜法前通过管道投加氧化剂和绿色高分子阻垢剂对海咸水进行预处理。在水经过超滤膜前，依靠氧化剂高锰酸钾的强氧化性可以对水中的微生物产生抑制作用，不仅可以减少水中微生物的数量，而且可以和阻垢

剂聚天冬氨酸（PASP）产生协同作用，防止膜上微生物的繁殖以及膜表面的结垢，大幅延长膜的使用时间，减缓了膜处理效果的下降趋势，解决了双膜法膜堵塞污染的问题[170]。

“氧化阻垢-双膜法”联用工艺不仅能够高效地去除海咸水中绝大部分的污染物质，并且对水中氯化物、浊度、电导率、溶解性总固体均具有较好地去除效果。超滤作为反渗透的预处理部分，给反渗透提供了更稳定的供水，提高了系统的稳定性，而氧化剂和阻垢剂的加入可以降低膜表面的污染，大大提高膜的使用时间，从而充分发挥反渗透在有效去除各类污染物方面的优势。

最后出水经紫外消毒，利用紫外线的 UVC（240～280nm）波段来实现消毒目的，UVC 能够破坏微生物的核酸结构，使细胞不能正常生长繁殖，最终走向死亡，进一步消灭水中微生物，使出水水质符合《生活饮用水卫生标准》（GB 5749—2022）的要求。

6.3.1.2 技术运用

湖南大学研究了氧化抑菌高分子阻垢-双膜法-紫外消毒组合工艺处理海咸水的性能。研究结果表明：当氧化剂选用高锰酸钾，阻垢剂选用 PASP 时，氧化抑菌高分子阻垢-双膜法-紫外消毒组合工艺对 SO_4^{2-}、Cl^-、Ca^{2+}、TDS、UV_{254}、三卤甲烷的去除率分别为 95.1%、96.89%、94.8%、96.8%、82.8%、95%，去除效果显著（表 6.2）。

表 6.2 氧化抑菌高分子阻垢-双膜法-紫外消毒组合工艺对各污染物的去除效率

指标	SO_4^{2-}	Cl^-	Ca^{2+}	TDS	UV_{254}	三卤甲烷
进水	252mg/L	1811mg/L	450mg/L	10259mg/L	0.58cm^{-1}	70.2μg/L
出水	12.3mg/L	56.3mg/L	23.4mg/L	30.2mg/L	0.09cm^{-1}	3.51μg/L
去除率	95.1%	96.89%	94.8%	96.8%	82.8%	95%

6.3.1.3 适用范围

氧化抑菌高分子阻垢-双膜法-紫外消毒组合工艺具有占地面积小、运行周期短、自动运行、投资运行费用低、出水水质稳定、能有效减轻膜污染和对浊度、有机物、细菌等处理效果较好等优点，可以去除原水中大部分的盐，尤其适用于处理海水倒灌引起的海咸水问题[144]。推荐该工艺的适用水质见表6.3。

表6.3 氧化抑菌高分子阻垢-双膜法-紫外消毒组合工艺适用水质

指标	硬度（以 $CaCO_3$ 计）/(mg/L)	浊度/NTU	溶解氧/(mg/L)	TDS/(mg/L)
范围	＜1100	＜42	＜10	＜38500

6.3.1.4 前景分析

双膜法因为具有对原水的适应能力强、出水稳定、操作简单、工程一次性投资低、可以有效去除水中大部分污染物和杂质的特点，在净水工艺中占有重要地位。但单独使用双膜法时膜容易受到污染，膜污染直接关系到超滤工艺的产水效率和运行成本，因而限制了其大规模使用。在结合氧化抑菌高分子阻垢技术之后，不仅可以提高有机污染物的去除率，进一步提高超滤出水水质，而且可以提高有机物的去除率，大幅降低了膜污染的情况，延长了膜的使用时间，进一步强化了工艺的使用效果[171]。

当前，“预处理-双膜法”“氧化阻垢-双膜法”等组合工艺已经逐渐成为国内外学者的研究热点。研究表明，“氧化阻垢-双膜法”组合工艺不仅可以很好地去除水中的各种污染物，而且对膜上微生物的繁殖和膜表面发生的结垢现象有很好的缓解作用，这不仅可以大幅提高膜的使用寿命，而且可以节省混凝-沉淀庞大构筑物的基建费用，有效地净化海咸水，在水源被海水倒灌污染的地区有很高的实用价值。

然而，目前关于氧化阻垢参数优化和海咸水“氧化阻垢-双膜法”联用工艺处理效果关系的研究尚未深入展开，采用高锰酸钾作为氧化剂、PASP作为阻垢剂更是鲜少有人提及，因此难以利用氧化剂阻垢剂和双膜法的联合作用来指导工艺的调整与优化。另外，目前报道的“预处理-双膜法”联用工艺仍然存在着膜污染严重的问题，阻碍了该工艺的广泛应用。

6.3.2 砂滤-反渗透-矿化海咸水淡化工艺

6.3.2.1 工艺净水机理

砂滤-反渗透-矿化海咸水淡化工艺采用砂滤-一级反渗透-二级反渗透-矿化组合工艺[172]。采用自吸泵取水，设置沉淀池，上清液进入原水池。

原水进入原水池或沉淀池前需投加0.2mg/L（以有效氯计）左右的次氯酸钠以杀灭海咸水中微生物；当海咸水浊度较大时，采用自吸泵取水的项目还需在沉淀池加药，以降低浊度。经原水泵提升，海水进入两级砂滤罐，去除海水中的胶体、悬浮物等，降低海水浊度。经保安过滤器处理后，出水经高压泵加压进入一级反渗透系统，反渗透系统带压浓水进入能量回收装置进行能量回收，低压浓水排出。一级反渗透系统产水进入二级反渗透脱盐系统，二级反渗透浓水返回原水池进行循环，产水通过矿化水泵进入矿化后处理系统。矿化系统出水加次氯酸钠消毒后进入产品水池，通过供水泵送入用户管网或者高位水池。其中一级反渗透膜组主要包括一级反渗透供水泵、高压泵、能量回收装置、膜组件和一级反渗透产水池，为降低系统能耗，采用等压正位移式的能量回收装置，能量回收总效率可达92%，与不设能量回收的系统相比可节能60%以上，并且该装置具有自适应能力，运行时无需人工额外调解和操作。二级反渗透膜组主要包括二级反渗透增压泵、高压泵、膜组件和产品水池，二级反渗透的设计产水率为85%，采用TM720D-400的8040架桥芳香族聚酰胺复合膜，具有高脱盐率、高产水量、高化学耐久性、抗污染的性能，膜壳材质为玻璃钢，承压能力为2068kPa，采用一级一段排列，浓水回流入一级反渗透原水池[155]。

6.3.2.2 工艺适用水质

反渗透膜是一种半透膜，利用半透膜性质将海咸水中水分与盐分分开，溶剂能够透过半透膜而溶质不能透过，在反渗透膜一侧对进水海咸水施加高压，则海水中一部分纯水会透过反渗透膜到达另一侧，产出淡水，盐分随浓水排出。其具有无相态变化、常温操作、设备简单、效益高、占地少、操作方便、能量消耗少、适应范围广、自动化程度高和出水质量好等优点[173]，适合处理沿海地区的海咸水。推荐该工艺的适用水质见表6.4。

表6.4　反渗透海咸水淡化工艺适用水质

指标	浊度/NTU	pH值	溶解氧/(mg/L)	高锰酸盐指数/(mg/L)
范围	≤5	3～10	6～8	1～4

6.3.2.3 工艺运行效果

工艺运行效果参考唐维等[155]反渗透海水淡化技术的研究。自正式运行以来，系统的产水水质良好，一级反渗透出水的电导率为300～600μS/cm，二级反渗透出水的电导率不超过20μS/cm，经矿化系统后，出水pH值在7左右，进出水水质见表6.5。

表6.5 反渗透海咸水淡化工艺对浊度和溶解性固体的去除效果

指　标	浊度/NTU	TDS/(mg/L)
原水	≤5	≈36000
出水	≤1	≈12

6.3.2.4 工艺前景分析

随着我国近年来对水污染治理力度上不断的加强，在反渗透水处理技术和新型的反渗透膜研制领域将迎来新的发展机遇[174]。反渗透水处理工艺应用向低耗能、高效率、抗污染、适用范围更广泛的方向发展。当前我国反渗透水处理水平与国外技术相比存在一定差距，这需要提升国家对防治水污染工作高度重视的同时，相关行业积极开展反渗透水的研究实验工作，开展在膜反应机制与膜性能调控研究、连续化成膜条件控制与膜结构关系、膜产品应用性能评价等将是规模化反渗透膜研究的工作方向，为反渗透水处理技术的发展助力[175]。

6.3.3 热膜耦合海咸水淡化工艺

6.3.3.1 工艺净水机理

低温多效蒸馏（LT-MED）技术是最高蒸发温度一般低于70℃的多效蒸馏海咸水淡化技术[176]，其基本原理是将一系列的水平管降膜蒸发器或垂直管降膜蒸发器串联起来，并分成若干小组，用一定量的蒸汽输入，通过多次的蒸发和冷凝，从而得到多倍于加热蒸汽量的蒸馏水。在一定的压力下，水分子可以通过RO膜，而原水中的无机盐、重金属离子、有机物、胶体、细菌、病毒等杂质无法通过RO膜，从而将可以透过的纯水和无法透过的浓缩水分离，因此应用RO膜可有效提升LT-MED处理水的水质。利用LT-MED的高盐水作为RO的原料水，开展热膜耦合海咸水淡化技术研究。在此工艺中，海咸水由于LT-MED装置排放的浓盐水水温较高，为了防止对反渗透膜造成损害，浓盐水需先通过冷却塔冷却后再使用。冷却后的原料水先进入原水箱，添加絮凝剂（$FeCl_3$）和杀菌剂（$NaClO_3$）后通过砂过滤器进行过滤，过滤后的水加入阻垢剂后进入过滤水箱，过滤水箱的出水用稀硫酸调 pH 值至 6.5 后，再通过过滤精度为 5μm 的安全滤网，然后用高压泵送至 RO 膜组件，RO 膜的产水进入成品水箱。RO 膜采用中空纤维反渗透膜[177]。

6.3.3.2 工艺适应水质

综合膜法海咸水淡化与热法海咸水淡化两种技术优点，利用热膜法进水，提高系统热利用效率和海水回收率。通过热法与膜法产水混合，可减少膜法工艺段设备数量和系统投资及运行成本。该技术拥有能源利用率高、海咸水回收率高、工程投资低、运行成本低等技术优势[117]，适合处理沿海地区的海咸水。推荐该工艺的适用水质见表 6.6。

表 6.6 热膜耦合海咸水淡化工艺适用水质

指标	浊度/NTU	pH 值	温度/℃	余氯/(mg/L)
范围	<15	3～8	5～40	≤1.0

6.3.3.3 工艺运行效果

工艺运行效果参考首钢京唐钢铁联合有限责任公司热膜耦合海水淡化实验研究[179]。砂过滤器对浊度具有较好去除效果，但不能有效去除影响 RO 膜性能的热法海水淡化消泡剂（聚丙二醇）等物质。在整个实验期间，RO 膜产水电导率为 100～250μS/cm，RO 膜脱盐率大于 99.55%，进出水水质见表 6.7；浓盐水实验阶段 RO 膜进水压力明显高于混合水实验阶段，分别为 5.8～6.1MPa、5.0～5.3MPa。

表 6.7 热膜耦合海咸水淡化工艺对浊度和溶解性固体的去除效果

指 标	浊度/NTU	电导率/(μS/cm)
原水	1.3～13.4	49100～52800
出水	0	110～250

6.3.3.4 工艺前景分析

膜蒸馏技术自从 20 世纪 60 年代诞生以来，其设备简单、操作方便、几乎在常压下操作，但由于热利用率低、膜材料等的限制，尚未得到大规模工业化应用。热膜耦合是一种先进的海水淡化技术，能充分发挥热法和膜法两种海水淡化技术的优势，从而降低系统的投资费用和运行成本，具有较大的市场潜力，目前尚处于初期发展阶段[159]。根据海水淡化的技术发展趋势以及市场的区域分布，针对热膜耦合海水淡化技术，还需从以下方面入手开展研究，从而为该技术的大规模工业应用奠定基础：

(1) 由于浓盐水温度较高，需冷却后才能满足RO膜的进水要求，利用换热设备冷却浓盐水，建设及运行费用较高。浓盐水含盐量较高，RO膜进水压力较大，电能消耗较多，因此建议实际工程中采用原海水与浓盐水的混合水作为RO膜法海水淡化原料水，并根据原海水与浓盐水的温度调整两者的进水比例，保持RO膜原料水水温最佳。

(2) 由于在RO膜附着物中检测到了热法海水淡化消泡剂成分聚丙二醇，说明砂过滤器不能有效将之去除，会造成RO膜膜孔堵塞，导致RO膜性能下降，因此建议在实际工程中采用超滤膜替代砂过滤器对原料水进行预处理[176,180]。

随着膜分离技术的快速发展，将会有其他新型膜分离技术被应用于海水淡化领域，如纳滤技术等。已有研究表明，通过纳滤对海水进行预脱盐，可提高热法的最高蒸发温度，但纳滤膜的运行维护以及使用寿命都将对热膜耦合整体系统的可靠性和经济性产生较大影响。因此，对于这类新型的膜分离技术与热法的耦合，还需要大量的试验研究，并进行技术经济性评价。随着国际海水淡化市场的快速发展，已有研究及工程应用大多集中在中东地区的海水淡化工程，用户类型也相对集中在水电联产企业，这种技术是否能适用于其他地区还需要进一步研究。我国的海岸线较长，而且不同区域的海水水质差异较大，因此，还需要对热膜耦合技术的区域适用性进行研究，才能更好地开发和利用适用于我国不同区域的热膜耦合海水淡化技术[181]。

6.3.4 膜电容脱盐-紫外消毒组合工艺

6.3.4.1 工艺净水机理

膜电容脱盐-紫外消毒组合工艺由两部分组成：膜电容脱盐技术和紫外消毒组合工艺。

膜电容脱盐技术是一种低能耗、操作简单、环境友好的除盐技术。该技术是在电容脱盐的基础上，在正负电极表面分别紧贴一层阴离子交换膜和阳离子交换膜。该技术明显提高了除盐效率[182]。除盐时，当电极通电后，阴、阳离子在电场的作用下分别向正、负极迁移，穿过阴、阳离子交换膜，最终到达电极表面被电极吸附并形成双电层。随着反应的进行，离子逐渐富集于两侧电极，装置通道中的离子浓度大大降低，出水的盐浓度大幅下降，达到除盐目的。再生时，反接或短接电极，电极表面被吸附离子迅速脱附，并受到对侧离子交换膜的阻隔，由通道中的水流带走形成浓水，电极得以再生。其中，离子交换膜起到选择性透过阴、阳离子的作用，既保证离子的正常迁移、吸附过程，能够阻止吸附过程中与电极电性相同的离子被逐出，又有效避免再生时离子脱附后二次吸附于对侧电极，降低电极表面残留离子对下一周期的吸附过程的影响，从而大大提高了离子去除效率和电极再生效率[183]。

原水先经过膜电容电极，在正负电极之间，由于离子交换膜的排斥，在吸附过程中排出的共离子被困在电极的孔中，这些被捕获的共离子可以进一步吸引更多的反离子进入电极以实现电荷平衡，从而导致总盐去除率的增加。同时，离子交换膜的结合为电极提供了适度的物理保护，使其免受有机污染，电极上的有机沉淀更少。膜电容脱盐不仅可以去除海咸水中大部分的盐，而且具有预处理要求低、药剂用量小、能耗低、环境友好、耐受性强、运行管理方便的优点[184]。

膜电容脱盐-紫外消毒组合工艺通过利用膜电容电极和紫外消毒工艺之间的耦合作用，经过电极电场之后，原水中的细菌也会有一定程度的下降，将两种技术高效的集合，强化了反应体系对目标水体中各类污染物的去除，最终达到了高效脱盐和杀菌的目的。

6.3.4.2 工艺适用水质

膜电容脱盐-紫外消毒组合工艺作为一种新兴的海水淡化技术，具有能耗低、无污染、装置制作简单、使用寿命长等特点，具有广阔的发展前景。该工艺可以去除原水中大部分的盐，尤其适用于低浓度海水的处理或用于解决海岛或靠海居民的家庭日常用水问题[185]，推荐该工艺的适用水质见表 6.8。

表6.8 膜电容脱盐-紫外消毒组合工艺适用水质

指标	氯化物/(mg/L)	NO_3^-/(mg/L)	F^-/(mg/L)	电导率/(μS/cm)
范围	<200	<200	<200	<10000

6.3.4.3 工艺运行效果

工艺运行效果参考江苏科技大学对于膜电容脱盐工艺脱盐的性能研究[185]。研究结果表明，当原水电导率为10000μS/cm时，采用膜电容脱盐工艺处理高浓度盐水，出水电导率仅为95%，去除效果显著（表6.9）。

表6.9 膜电容脱盐-紫外消毒组合工艺对各污染物的去除效率

指标	Cl^-	NO_3^-	F^-	电导率
进水	200mg/L	200mg/L	200mg/L	10000μS/cm
出水	16mg/L	23.66mg/L	37.6mg/L	500μS/cm
去除率	92%	88.17%	81.2%	95%

6.3.4.4 工艺前景分析

膜电容脱盐技术作为一种新型除盐技术，具有除盐效率高、能耗低、环境友好等特点，除盐性能较电容脱盐有显著提高，因此近几年来迅速引起了广泛关注。目前，膜电容脱盐技术已经相对比较成熟，涌现出了一大批商品化的脱盐装置，能够应用于各种水体的净化。

膜电容脱盐利用了离子交换膜的特性，使离子在电场作用下迁移至指定区域，实现除盐目的。其中，膜电容脱盐是将一对阴、阳离子交换膜分别紧密覆盖于两侧电极表面，在电极通电时，水中离子选择性穿过离子交换膜并被吸附在带相反电荷的电极表面，从而实现水的除盐净化[186]。在与紫外消毒工艺联用后，不仅可以达到除盐的目的，而且可以利用电场与紫外的耦合作用，实现高效率的杀菌消毒，进一步优化了工艺的处理效果。

目前，膜电容脱盐技术作为一种新兴技术正在逐渐兴起，国内这方面起步较晚，但也逐渐走向成熟。然而，目前关于膜电容脱盐的技术仍然存在一些亟待解决的问题：

（1）膜电容吸附对于有价离子吸附效果较好，但对不带电的污染物效果较差。

（2）脱盐和再生时间长，影响再生的时间和效率。

（3）在高盐水中长时间使用后，电极容易发生结垢和腐蚀影响后续的处理效果。

6.4 应用示范

6.4.1 示范点概况

模块化海咸水膜法深度处理示范点位于福建省漳州市南部沿海漳浦县，当地村民通过自家打的机井供应日常生活所需用水。由于长期机井不合理布局、地下水过度开采以及气候干旱降雨量较少，导致了该地区陆地地下淡水水位下降明显，海水与陆地地下淡水之间的动水压力平衡受到破坏，从而出现了非常严重的海水入侵现象。由于海水渗透，井水含盐量偏高，该地区内的地下井水大多味道苦涩，电导率可达到 6000μS/cm 左右。每隔一段时间，井水就会出现咸涩的现象，影响日常使用。

6.4.2 设计规模与目标

（1）设备设计目标：供应大店村 1000 余人的正常生活饮用水。

（2）设备产水水质：装置出水水质达到《生活饮用水卫生标准》（GB 5749—2022）的要求；引入智能化系统，降低了现场维护难度，实现了净水系统自动运行，提高了沿海海咸水地区饮用水保障水平。

6.4.3 处理工艺研究

6.4.3.1 可行性分析

针对沿海地区海咸水离子浓度高、溶解性固体含量大的问题，研发了预处理-双膜法-紫外杀菌产业化装备。该深度处理技术围绕模块化预处理技术、双膜法海水净化方法、紫外杀菌技术进行了深入研究，研发基于膜污染控制的微生物抑制和分散阻垢关键技术，模块化预处理技术选择高锰酸钾作为氧化剂、PASP 作为阻垢剂，两者的联用可以同时起到抑制微生物繁殖以及减缓膜表面结垢的作用，提高了装置的处理效果，延长了装置的使用时间。模块化海咸水双膜法深度处理装置解决了沿海地区无合格饮用水的问题，具有一定的经济性和技术可行性。

6.4.3.2 处理工艺流程

海咸水处理设备放置于当地村民院中，由机井中的潜水泵将井水提升进入原水水箱，潜水泵启停受液位控制。原水箱的水经原水泵提升进入锰砂过滤器，去除水中的铁、锰等离子。锰砂过滤器出水进入袋式过滤器，袋式过滤器对锰砂过滤器冲出来的滤料进行截留，防止锰砂过滤器出水带出的细小滤料损伤超滤膜丝。原水进入超滤单元，超滤能够截留一部分有机物以及水中的微小颗粒。超滤出水进入超滤产水水箱，超滤产水同时作为反洗用水。超滤产水经泵提升进入反渗透系统，反渗透系统作为整套工艺的核心处理装置，主要用于井水的脱盐。反渗透系统能去除水中绝大部分一价离子、二价离子、有机物以及微生物，脱盐率能达到99%，有效降低产水电导率，改善出水口感，确保出水水质达到《生活饮用水卫生标准》（GB 5749—2022）的要求。模块化海咸水处理装置工艺流程如图6.4所示，模块化海咸水膜法深度处理装置如图6.5所示。

6.4.3.3 工艺参数优化

1. 中试微生物抑制研究

选用高锰酸钾作为目标抑菌剂，并分别设置0mg/L、2mg/L、4mg/L和8mg/L 4个浓度梯度进行对比实验，根据实验结果选择最优浓度。

通过对比不同浓度高锰酸钾抑菌剂对于膜通量的改善情况以及微生物污染控制效果，选取出抑菌剂的最适投加量。本书使用NF270纳滤膜在恒压0.8MPa、恒温20℃的条件下，考察不同浓度高锰酸钾抑菌剂的投加对膜通量改善情况的影响，其膜比通量如图6.6所示。

从图6.6中可以看出，相比于未投加的情况，加入不同浓度的高锰酸钾预氧化处理之后膜比通量都有一定提升，其中，高锰酸钾的投加量为4mg/L时效果最好，在20h时膜比通量达到0.58左右，其改善膜通量的效果要好于2mg/L和8mg/L的投加量，这说明在投加量较低的情况下，高锰酸钾的氧化作用能改变有机物分子的部分特征，如亲疏水性、带电状态等，并且对水中的细菌也有一定的控制作用，从而提高膜性能，延缓膜的结垢和污染。随着投加高锰酸钾浓度的提高，其改善膜通量的能力逐渐变弱，当浓度提高至8mg/L时，比通量与未投加时差距不大，这是因为在高投加量下其氧化还原产物二氧化锰产量增大，并且由于其具有较强的

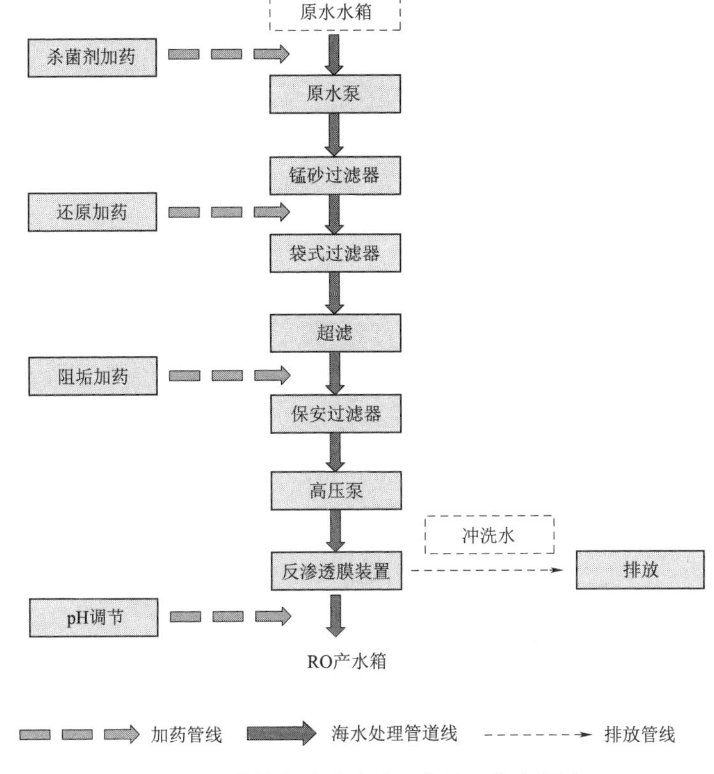

图 6.4 模块化海咸水处理装置工艺流程图

吸附性，会吸附在膜表面造成膜污染，从而抵消了高锰酸钾带来的膜比通量改善的效果。从图 6.6（a）可以看出，对于膜污染改善情况，4mg/L 的高锰酸钾投加量具有更好的效果。在此基础上，研究了同时投加不同浓度配比的氧化剂高锰酸钾和阻垢剂 PASP 对膜比通量的改善情况。如图 6.6（b）所示，同时投加高锰酸钾和 PASP 对改善膜通量具有明显的作用。并且相比于单独投加氧化剂，同时投加氧化剂和阻垢剂的改善效果更明显，这证明二者的同时投加具有协同作用。其中，8mg/L 的高锰酸钾投量与 16mg/L 的 PASP 投量拥有最佳的通量缓解效果，在 10h 的运行时间内可以保证 95%的膜通量。

2. 中试阻垢扩散研究

在海咸水淡化领域，绿色阻垢剂的使用逐渐成为主流。分别选取 PASP 作为目标阻垢剂进行实验，并探究了绿色高分子阻垢剂与氧化剂联

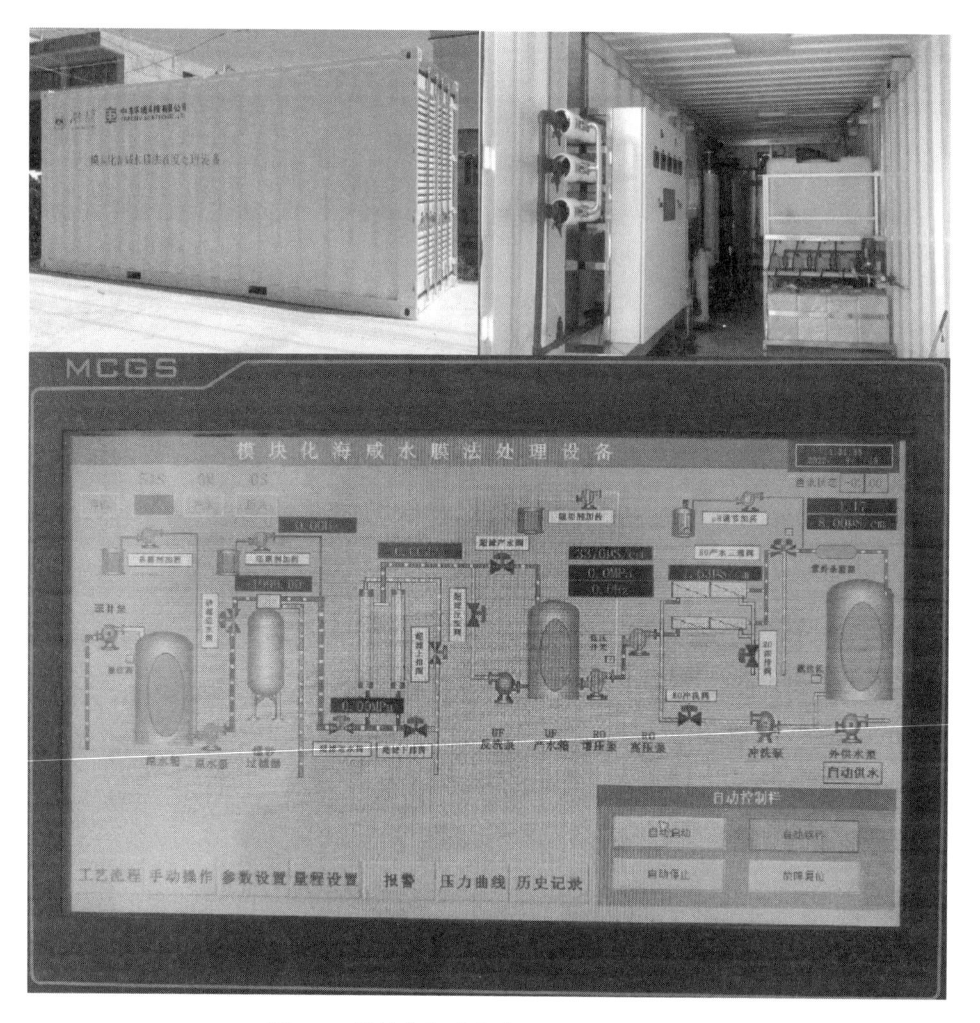

图 6.5 模块化海咸水膜法深度处理装置图

合使用对原水处理效果的影响。

不同阻垢剂浓度下运行 40h 内 UV_{254} 与高锰酸盐指数的去除率的变化情况如图 6.7 所示。分析可知，RO 膜能有效去除大分子有机物质。然而随着过滤时间的持续增长，由于膜表面结晶堵塞，去除率显著下降，高锰酸盐指数去除率由 91.5%下降到 62.3%，UV_{254} 去除率由 84.3%下降到 59%。通过加入适量的 PASP，可以有效缓解 RO 膜结垢现象，高锰酸盐指数和 UV_{254} 的去除率均稳定在 80%以上。随着 PASP 投加量的增加，缓解效果得到提升，但当投加量达到一定阈值时，缓解效果趋于稳定。

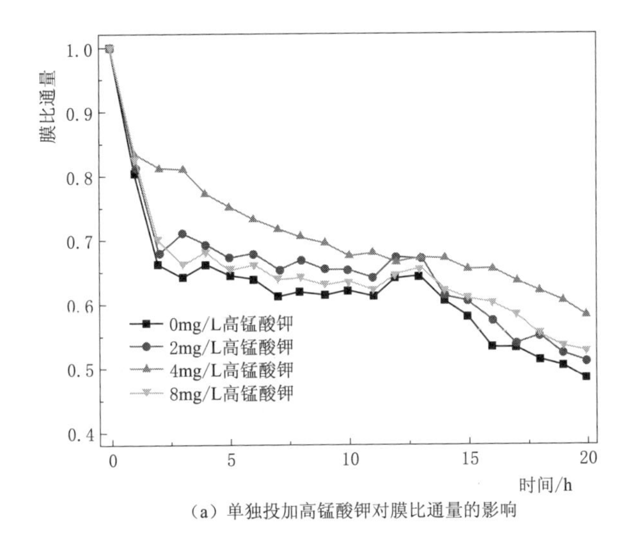

(a) 单独投加高锰酸钾对膜比通量的影响

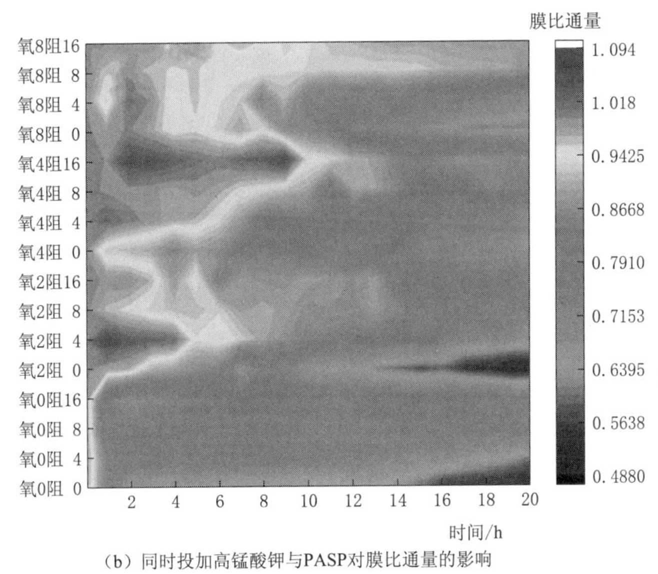

(b) 同时投加高锰酸钾与PASP对膜比通量的影响

图 6.6 单独投加高锰酸钾与同时投加高锰酸钾与 PASP 对膜比通量的影响

分析图 6.8 可知，RO 膜可以有效去除 SO_4^{2-}。在 40h 内，由于膜表面发生结垢，SO_4^{2-} 的去除率从 97.6%下降到 93.4%。不过，当加入不同浓度的阻垢剂后，去除率的下降趋势有所减缓，这表明适量的阻垢剂可以缓解 RO 膜的阻垢现象。随着阻垢剂浓度的增加，缓解效果逐渐加强，并在 8mg/L 处达到限值。出于处理效果和运行成本的综合考虑，选择 8mg/L

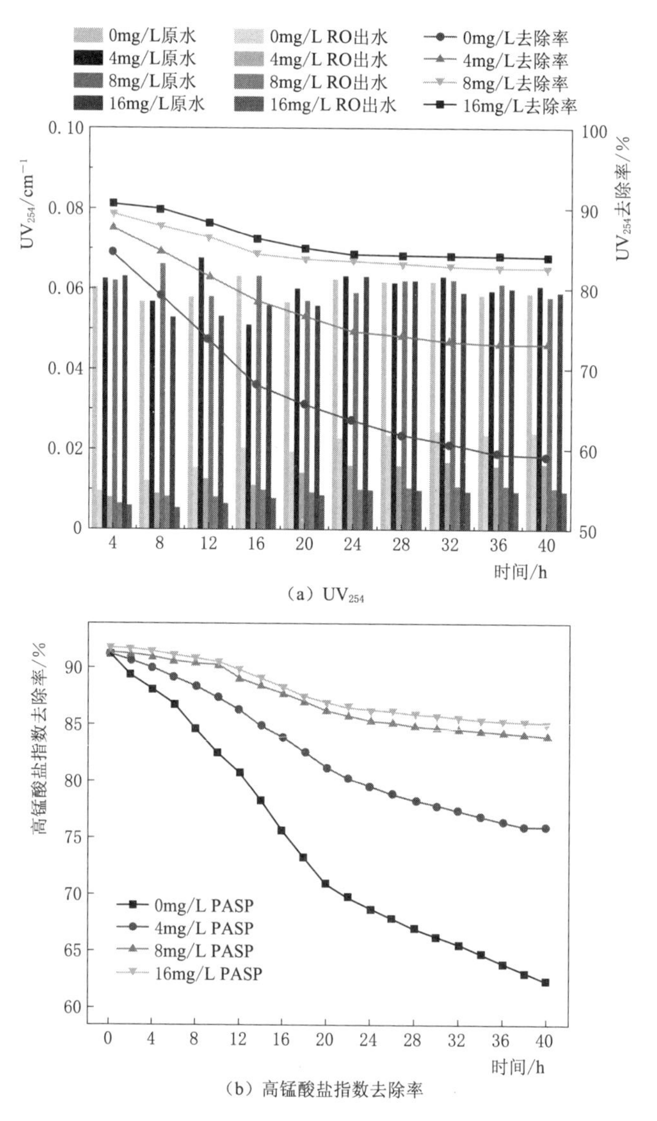

(a) UV_{254}

(b) 高锰酸盐指数去除率

图 6.7 不同阻垢剂浓度下运行 40h 内 UV_{254} 与高锰酸盐指数的去除率的变化情况

作为最佳的阻垢剂浓度。

如图 6.9 所示，RO 膜能够较大幅度（平均 95%的去除率）地去除原水中的 Cl^-。随着运行时间的增长，RO 膜结垢导致去除率降低（98%降低到 90.5%）。阻垢剂（PASP）加入后去除率下降速度明显减缓，在 PASP 浓度为 8mg/L 时运行 40h 时去除率仅从 98%降低到 95%。随着 PASP 浓度的增长，其效果有所减缓，在 8mg/L 时浓度与效果达到最佳。

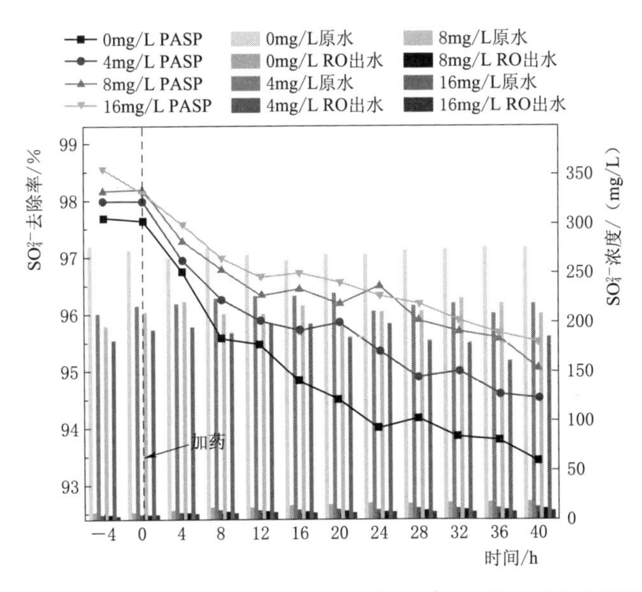

图 6.8 不同阻垢剂浓度下运行 40h 内 SO_4^{2-} 去除率的变化情况

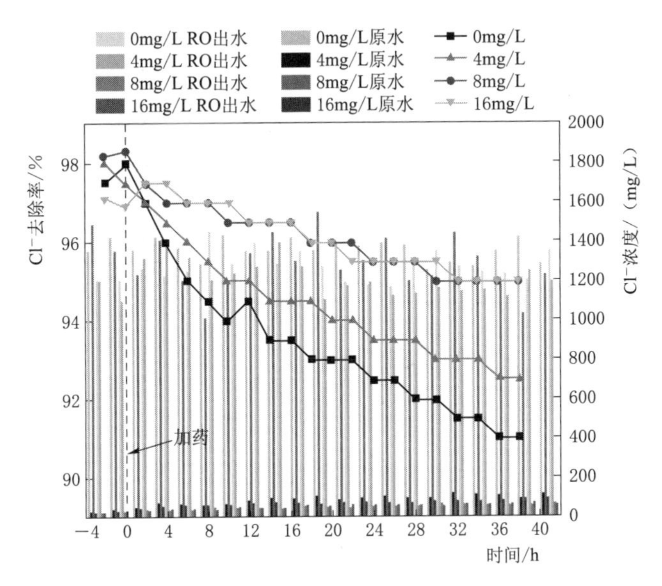

图 6.9 同阻垢剂浓度下运行 40h 内 Cl^- 去除率的变化情况

不同阻垢剂浓度下 20h 内膜比通量的变化情况如图 6.10 所示。随着运行时间的增加，RO 膜的效果逐渐降低，膜通量逐渐减少。在 20h 内，膜通量下降了 52%。在加入不同浓度的阻垢剂后，RO 膜的膜通量下降趋势得到缓解，这表明阻垢剂可以缓解 RO 膜的结垢现象。随着阻垢剂浓度的提高，缓解的效果也在提高。

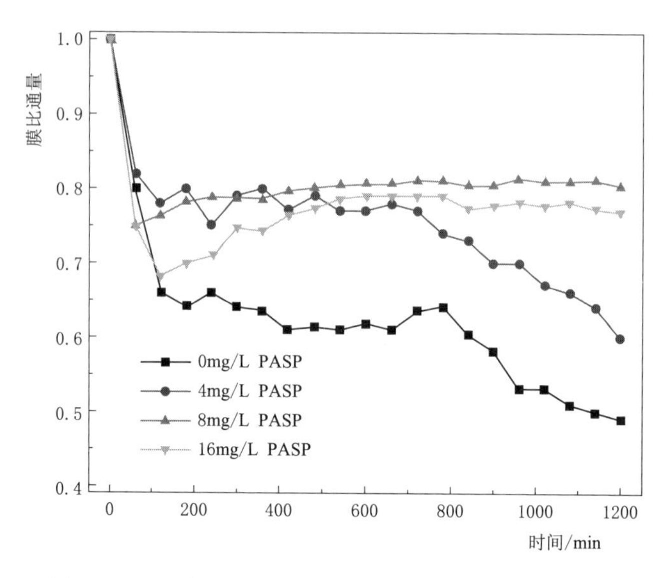

图 6.10　不同阻垢剂浓度下 20h 内膜比通量的变化情况

如图 6.11 所示，膜工艺能够使电导率较大幅度降低，然而，随着运行时间的增加，膜效能会在小范围内降低，导致出水电导率有所上升。PASP 的加入可以减缓出水电导率升高的趋势，保持膜的优良效能。

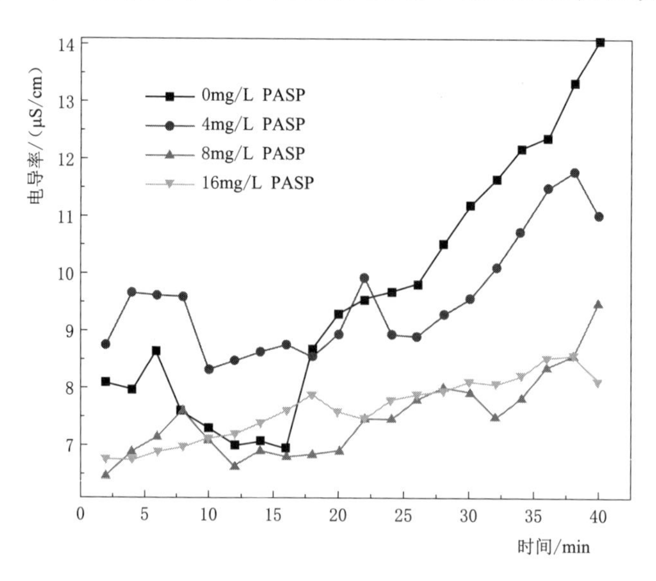

图 6.11　不同阻垢剂浓度下电导率变化情况

3. 离子截留效果优化

图 6.12 为不同氧化剂和阻垢剂浓度对离子去除率的影响。从图 6.12 可以看出，双膜法能够较大幅度去除水中的 SO_4^{2-}、Cl^- 和 Ca^{2+}，在不使用氧化剂和阻垢剂的情况下，初期 SO_4^{2-} 离子去除率能达到 95%以上，Cl^- 也能达到 93%以上，而 Ca^{2+} 则能达到 98%以上，这证明了双膜法工艺处理海咸水在离子去除方面的优越性。在运行 40h 后，SO_4^{2-} 和 Ca^{2+} 的去除率仍能达到 93%左右，而 Cl^- 的去除率也能达到 90%。尽管这样的去除率相当可观，但若长时间运行装置，仍会存在膜污染问题。为了保持较高的离子去除率，需要采取措施缓解膜污染。因此，选择了加入氧化剂（$KMnO_4$）和阻垢剂（PASP）来缓解膜污染，从而维持离子在较长时间的较高去除率。从图 6.12 中可以看出，单独加入氧化剂和阻垢剂均能够在一定程度上缓解膜污染，并且可以发现相对于阻垢剂，氧化剂对缓解膜污染保持较高的离子去除率效果更加明显。但无疑氧化剂和阻垢剂的联合使用对缓解膜污染是更有效的，在氧化剂为 8mg/L、阻垢剂为 16mg/L 时，Cl^- 和 Ca^{2+} 的去除率在 40h 时后仍能达到 98%左右，而 SO_4^{2-} 的去除率也能够达到 97%左右。因此，氧化剂和阻垢剂的联合作用能够大幅度缓解膜污染，强化离子截留效果，并延长膜的使用时间。

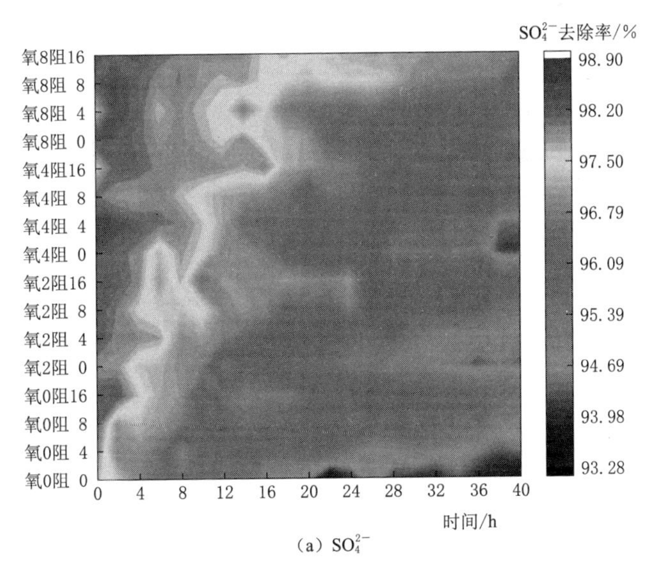

(a) SO_4^{2-}

图 6.12（一） 不同氧化剂和阻垢剂浓度对离子去除率的影响

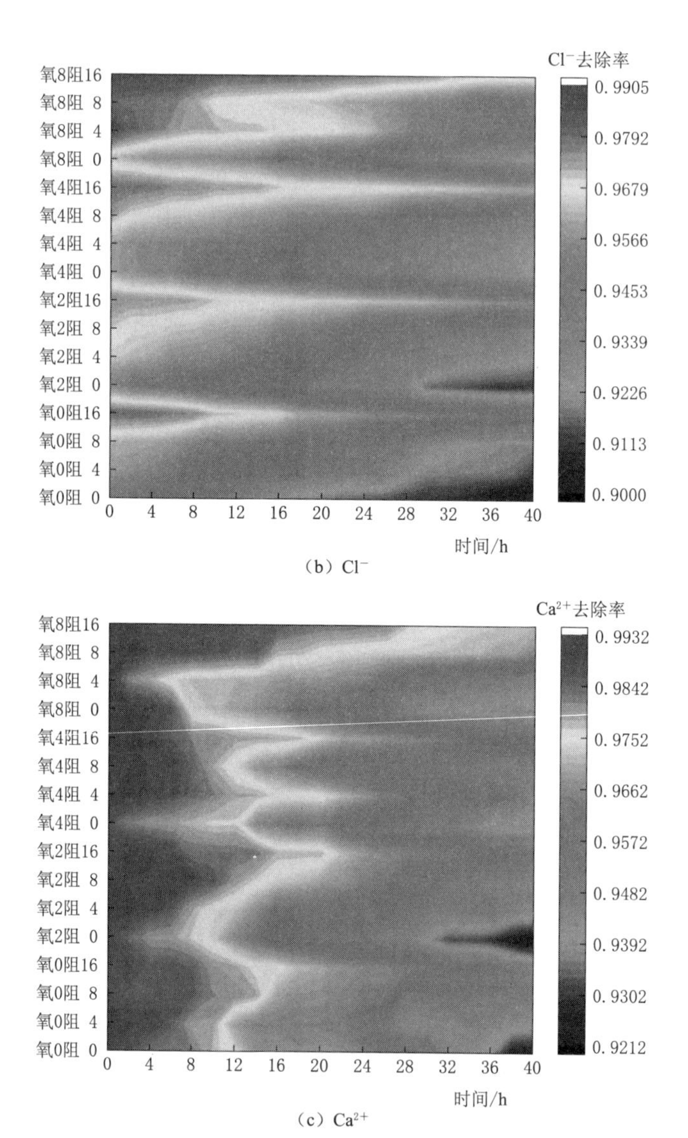

(b) Cl^-

(c) Ca^{2+}

图 6.12（二） 不同氧化剂和阻垢剂浓度对离子去除率的影响

4. 出水电导率优化

图 6.13 所示为不同氧化剂和阻垢剂浓度对电导率的影响。采用双膜法处理后的海咸水，其电导率均能保持在较低水平。在未使用氧化剂和阻垢剂的情况下，初始出水电导率为 7μS/cm 左右，而 40h 后的出水电导率升至 13μS/cm 左右，这可能是由于较长时间运行导致膜污染所引起

的。在使用氧化剂和阻垢剂处理后，膜污染问题明显减少。在氧化剂为8mg/L、阻垢剂为16mg/L时，运行40h后的出水电导率仍然在7μS/cm左右，提高了膜的可使用寿命。

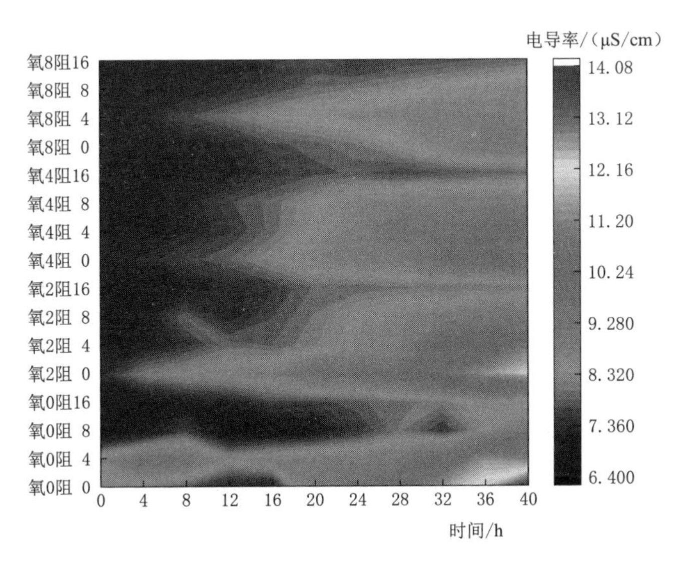

图 6.13　不同氧化剂和阻垢剂浓度对电导率（EC）的影响

5. 出水粒径变化

图 6.14 为出水粒径的变化情况。从图中发现原水粒径主要集中于数百毫微米，颗粒直径很大，水质很差。当使用双膜法工艺后，出水粒径明显大幅度降低，主要集中在10nm左右；当使用阻垢剂（PASP）后，出水粒径主要集中在8nm左右，所以可以看出阻垢剂的使用降低了出水的平均粒径，使RO膜的截留效果增强。

综上所述，阻垢剂氧化剂的选择不仅要考虑缓解膜污染、保持膜的截留效果在较长的时间内均保持较好的状态，还要考虑到实际运用时的经济问题，因此，需要在这两者之间做出最优的选择。从图 6.12 和图 6.13 可以看出，当氧化剂为8mg/L、阻垢剂为16mg/L时，缓解膜污染的效果最优。但对比可以发现，当氧化剂投量为4mg/L、阻垢剂为16mg/L时，对各离子的去除及电导率的变化与氧化剂为8mg/L、阻垢剂为16mg/L时效果接近，所以最终选择氧化剂为4mg/L、阻垢剂为16mg/L作为运行时的最优浓度。

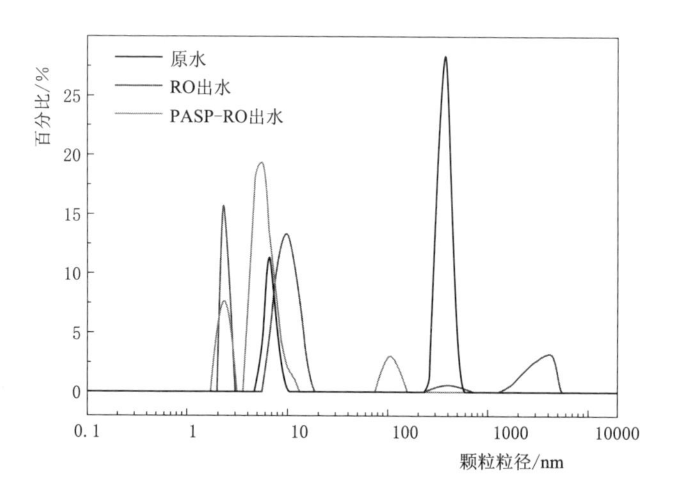

图 6.14 出水粒径变化

6. 氧化剂和阻垢剂的投加量优化

选取高锰酸钾作为氧化剂、PASP 作为阻垢剂，分别采用 0mg/L、2mg/L、4mg/L、8mg/L 高锰酸钾和 0mg/L、4mg/L、8mg/L、16mg/L PASP 进行联用，分析对海咸水中有机物去除和消毒副产物控制的影响。

通过测定滤前滤后水的高锰酸盐指数和 UV_{254} 的去除率来对有机物去除效果进行表征分析。随着试验装置运行时间的持续增长，海咸水中大量的盐极容易导致膜表面结垢，使海咸水的过滤孔径减小，有机物去除率显著下降，致使膜的效能快速下降，具体结果为高锰酸盐指数和 UV_{254} 的去除率均由开始的 90%下降到过滤 40h 后的 60%左右。

如图 6.15 所示，通过投加氧化剂和绿色高分子阻垢剂对海咸水进行预处理，高锰酸盐指数和 UV_{254} 的去除率随时间的下降速率均表现出明显降低，这表明氧化剂和阻垢剂的适量投加可以有效缓解长期运行导致的膜结垢现象。在水经过超滤膜前，依靠氧化剂高锰酸钾的强氧化性可以对水中的微生物产生抑制作用，不仅可以减少水中微生物的数量，而且可以和阻垢剂 PASP 产生协同作用，防止膜上微生物的繁殖以及发生在膜表面的结垢，大大延长膜的使用时间，大大减缓膜处理效果的下降趋势，解决了双膜法膜堵塞污染的问题。最终确定氧化剂和阻垢剂的投加量分别为 4mg/L 和 16mg/L 时，装置运行 40h 后，高锰酸盐指数和 UV_{254} 的去除率依然在 85%左右，对有机物的去除效果最优。

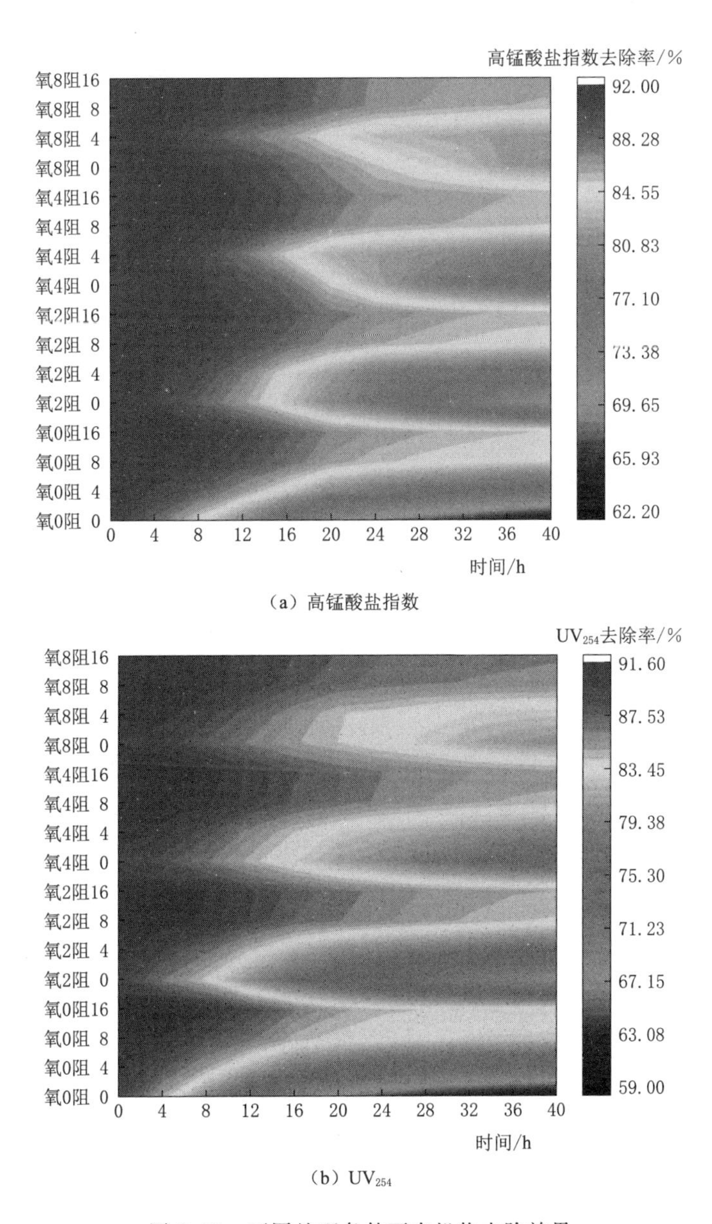

（a）高锰酸盐指数

（b）UV_{254}

图 6.15　不同处理条件下有机物去除效果

6.4.3.4　实际处理效果

确定模块化海咸水处理工艺示范设备现场运行参数后，待装置稳定运行，对装置出水进行检测，为保证水质安全性以及检验结果的客观性，将示范点水样送至第三方检测公司进行检验，结果见表 6.10。

表 6.10　　模块化海咸水处理工艺示范设备出水水质检验报告

序号	检 测 项 目	单位	原水水质	标准限制	检测结果
1	砷	mg/L	0.002	≤0.01	<0.01
2	镉	mg/L	0.001	≤0.005	<0.0001
3	铬（六价）	mg/L	0.004	≤0.05	<0.004
4	铅	mg/L	0.0117	≤0.01	<0.0003
5	汞	mg/L	0.00005	≤0.001	<0.00005
6	硒	mg/L	0.014	≤0.01	<0.001
7	氰化物	mg/L	0.005	≤0.05	<0.005
8	氟化物	mg/L	1	≤1	0.06
9	硝酸盐（以N计）	mg/L	38.5	≤10	2.58
10	三氯甲烷	mg/L	0.002	≤0.06	<0.002
11	四氯化碳	mg/L	0.0001	≤0.002	<0.0001
12	溴酸盐	mg/L	0.05	≤0.01	<0.005
13	甲醛	mg/L	0.005	≤0.9	<0.05
14	亚氯酸盐	mg/L	0.005	≤0.7	<0.005
15	氯酸盐	mg/L	5	≤0.7	<0.0005
16	色度	度	1.9	≤15	<5
17	浑浊度	NTU	0.12	≤1	0.12
18	臭和味		等级：0 强度：无	无异臭 和异味	等级：0 强度：无
19	肉眼可见物		细小悬浮	无	无
20	pH		5.6	6.5～8.5	8.07
21	铝	mg/L	1.921	≤0.2	<0.02
22	铁	mg/L	0.074	≤0.3	<0.01
23	锰	mg/L	1.713	≤0.1	0.004
24	铜	mg/L	0.002	≤1	<0.002

续表

序号	检　测　项　目	单位	原水水质	标准限制	检测结果
25	锌	mg/L	0.015	≤1	0.005
26	氯化物	mg/L	1032.8	≤250	12.19
27	硫酸盐	mg/L	173.2	≤250	<0.5
28	溶解性总固体	mg/L	194	≤1000	67
29	总硬度（以 $CaCO_3$ 计）	mg/L	616.7	≤450	29.5
30	高锰酸盐指数（以 O_2 计）	mg/L	2.58	≤3	0.5
31	挥发酚类（以苯酚计）	mg/L	0.002	≤0.002	<0.002
32	阴离子合成洗涤剂	mg/L	0.078	≤0.3	<0.005
33	总 α 放射性	mg/L	0.04	≤0.5	<0.01
34	总 β 放射性	mg/L	1	≤1	0.02
35	锑	mg/L	0.0009	≤0.005	0.0001
36	钡	mg/L	0.072	≤0.7	<0.001
37	铍	mg/L	0.0008	≤0.02	<0.0005
38	硼	mg/L	0.05	≤0.5	0.03
39	钼	mg/L	0.0005	≤0.07	<0.0005
40	镍	mg/L	0.011	≤0.02	<0.0002
41	银	mg/L	0.0001	≤0.05	<0.0001
42	铊	mg/L	0.00003	≤0.0001	<0.00003
43	氯化氰	mg/L	0.01	≤0.07	<0.01
44	一氯二溴甲烷	mg/L	0.001	≤0.1	<0.001
45	二氯一溴甲烷	mg/L	0.002	≤0.06	<0.002
46	二氯乙酸	mg/L	0.02	≤0.05	<0.03
47	1,2-二氯甲烷	mg/L	0.002	≤0.03	<0.002
48	二氯甲烷	mg/L	0.002	≤0.02	<0.002
49	三卤甲烷	mg/L	0.05	≤1	<0.05

续表

序号	检　测　项　目	单位	原水水质	标准限制	检测结果
50	1,1,1-三氯乙酸	mg/L	0.0002	≤2	<0.0002
51	三氯乙酸	mg/L	0.01	≤0.1	<0.01
52	三氯乙醛	mg/L	0.002	≤0.01	<0.002
53	2,4,6-三氯酚	mg/L	0.003	≤0.2	<0.003
54	三溴甲烷	mg/L	0.002	≤0.1	<0.002
55	七氯	mg/L	0.0001	≤0.0004	<0.0001
56	马拉硫磷	mg/L	0.0001	≤0.25	<0.001
57	五氯酚	mg/L	0.001	≤0.009	<0.005
58	六六六（总量）	mg/L	0.005	≤0.005	<0.0004
59	六氯苯	mg/L	0.0004	≤0.001	<0.0001
60	乐果	mg/L	0.002	≤0.08	<0.002
61	对硫磷	mg/L	0.001	≤0.003	<0.001
62	灭草松	mg/L	0.003	≤0.3	<0.003
63	甲基对硫磷	mg/L	0.0005	≤0.02	<0.0005
64	百菌清	mg/L	0.005	≤0.01	<0.005
65	呋喃丹	mg/L	0.05	≤0.007	<0.001
66	林丹	mg/L	0.0001	≤0.002	<0.0001
67	毒死蜱	mg/L	0.0005	≤0.03	<0.0005
68	草甘膦	mg/L	0.002	≤0.7	<0.05
69	敌敌畏	mg/L	0.0005	≤0.001	<0.0001
70	莠去津	mg/L	0.0005	≤0.002	0.0005
71	溴氰菊酯	mg/L	0.005	≤0.02	<0.005
72	2,4-滴	mg/L	0.002	≤0.03	<0.002
73	滴滴涕	mg/L	0.0004	≤0.001	<0.0004
74	乙苯	mg/L	0.0003	≤0.3	<0.0003

续表

序号	检 测 项 目	单位	原水水质	标准限制	检测结果
75	二甲苯	mg/L	0.001	≤0.5	<0.001
76	1,1-二氯乙烯	mg/L	0.002	≤0.03	<0.002
77	1,2-二氯乙烯	mg/L	0.01	≤0.05	<0.01
78	1,2-二氧苯	mg/L	0.0003	≤1	<0.0003
79	1,4-二氧苯	mg/L	0.0003	≤0.3	<0.0003
80	三氯乙烯	mg/L	0.001	≤0.07	<0.001
81	三氯苯（总量）	mg/L	0.002	≤0.02	<0.002
82	六氯丁二烯	mg/L	0.0001	≤0.0006	<0.0001
83	丙烯酰胺	mg/L	0.0003	≤0.0005	<0.0003
84	四氯乙烯	mg/L	0.0003	≤0.04	<0.0003
85	甲苯	mg/L	0.0003	≤0.7	<0.0003
86	邻苯二甲酸二（2-乙基己基）酯	mg/L	0.0005	≤0.008	<0.0005
87	环氧氯丙烷	mg/L	0.0002	≤0.0004	<0.0002
88	苯	mg/L	0.0002	≤0.01	<0.0002
89	苯乙烯	mg/L	0.0003	≤0.02	<0.0003
90	苯并（a）芘	mg/L	0.000001	≤1E-05	<0.000001
91	氯乙烯	mg/L	0.0003	≤0.005	<0.0003
92	氯苯	mg/L	0.0003	≤0.3	<0.0003
93	微囊藻毒素-LR	mg/L	0.0005	≤0.001	<0.0005
94	氨氮	mg/L	0.49	≤0.5	<0.02
95	硫化物	mg/L	0.02	≤0.02	<0.02
96	钠	mg/L	143.59	≤200	3.63
97	总大肠菌群	CFU/100mL	0	不得检出	0
98	耐热大肠菌群	CFU/100mL	0	不得检出	0
99	大肠埃希氏菌	CFU/100mL	0	不得检出	0

续表

序号	检 测 项 目	单位	原水水质	标准限制	检测结果
100	菌落总数	CFU/mL	3800	≤100	0
101	贾第鞭毛虫	个/10L	0	≤1	0
102	隐孢子虫	个/10L	0	≤1	0

经装备处理后出水中无机离子、有机物、微生物等均大幅度降低，通过预处理-双膜法-紫外杀菌组合工艺，原水中高含量的卤素离子以及高浓度的溶解性固体得到了去除，装置出水稳定，出水各项指标均达到《生活饮用水卫生标准》(GB 5749—2022) 的要求。

6.4.4 处理成本分析

该装置固定资产折旧费为 0.53 元/t，运行功率为 4.8kW，每天能耗约为 22.5kW·h，电费为 2.4 元。在最佳工况下，阻垢剂消耗量约为 10g/t，阻垢剂药剂费为 0.15 元；氧化剂消耗量为 50.7g/t，药剂费投入为 0.21 元；药剂费总计为 0.36 元/t。模块化海咸水膜法深度处理技术运行成本见表 6.11。

表 6.11 模块化海咸水膜法深度处理技术运行成本

项 目	费用/元
电费	2.4
药剂费	0.36
固定资产折旧费	0.53
合计	3.29

经过计算，最佳工况下吨水处理成本约为 3.29 元，具有较好的膜污染控制效果和净水效能的同时能够有效控制运行成本。

6.4.5 运行管理维护

(1) 海咸水处理装置应放置在平整的混凝基础上。

(2) 海咸水处理装置吊装时严禁水箱带水吊装，不然会造成箱体变形，损坏设备。设备吊装时必须排净所有水箱中的水后方可吊装。

(3) 海咸水处理装置用于寒冷地区时，冬天应做好防冻措施，保证箱体内水不结冰，如有需要，可以在箱体内加装空调，在空调正常运转时可以保证箱体内不结冰；冬天设备应设置专人看管，保证箱体内各设备正常运转，温度保持在5℃以上。

（4）电控箱前的绝缘橡胶板上应保持干爽无水渍，保证绝缘良好，操作触摸屏、旋钮、仪表等电气设备时，双手应保持干燥。

（5）海咸水处理装置停用时间超过15天以上时，应灌注保护液，防止装置内部滋生微生物。

（6）袋式过滤器的滤袋应在运行3个月后更换一次（具体的更换周期还需要根据当地的水质进行判断），滤袋多次使用时，更换下来的滤袋经过清洗后晾干即可重复使用。

（7）RO保安过滤器的滤芯应运行90天后更换一次（具体的更换周期还需要根据当地的水质进行判断），该滤芯不可重复使用。

（8）考虑到化学清洗的专业性，海咸水处理装置没有设置化学清洗装置，使用者可以将膜组件寄回厂家进行维护。

6.4.5.1 停机时的维护

连续运行24～48h后，记录运行参数作为系统性能基准数据。如果设备长期停机（7天以上），关停前需对超滤系统进行3～8次气反洗，并进行完整的一次反洗步骤。如膜污染比较严重，建议停机反洗前进行一次化学清洗，并向装置内注入保护液（0.5%～1%亚硫酸氢钠溶液）。设备排空后，关闭所有进出口阀门、泵。

6.4.5.2 设备的定期维护

（1）设备零部件需定期校准维护，定期检查设备是否存在泄漏问题。记录设备产水流量、运行压力等参数。压力过大或产水流量变小需手动进行冲洗或更换。

（2）应制定运行表格并记录系统运行各设备或装置相应参数，包括进水压力、浓水进水压力、进水电导率、进水流量、产水流量、浓水流量、产水电导率、直流电压、直流电流等。

（3）系统运行第一周内，应定期检测系统性能，确保系统性能在运行初始阶段处于设计范围内。

第7章

设施管理与维护

7.1 村镇饮水设施管理与维护必要性

人口稀少或地处较为偏远农村地区的供水工程多采用单户式分散供水，其中产权职责划分模糊、人员管理维护技术欠缺、不具备长效管理体制、维护效率低下、水费收缴困难、维护资金短缺均是农村饮水工程现阶段所面临的问题[187-188]，进而导致供水设施常因缺少管理与维护造成饮水工程老化失修[189]。在维修过程中，大部分农村供水工程的维修主要围绕水泵、电机等重要电力设备上，究其原因主要是因为疏于管理、小故障得不到及时有效的维修、超负荷运行造成主要设备损坏[187]，减少了设施的使用寿命，进而丧失其使用价值，但上述情况均可通过合理的日常管理维护得到有效解决。

农村供水设施的运行状态关系到农村供水工程的效益能否得到充分发挥[190]。为保障农村饮水安全工程正常运行，需以服务群众为工作出发点，继续强化对供水设施的管理维护，把供水损耗降低到最小范围，切实为人民群众管好水，让人民群众长久受益。

7.2 村镇饮水设施管理与维护模式

村镇饮水设施管理与维护模式主要依据供水方式分为两类：分散式与集中式，如图7.1所示。在管理水处理设施的过程中，应明确各个管理人员的职责所在，制定完善的管理制度，定期对水处理设施的管理和养护情况进行检查，从而保障水处理设施管理和维护能够按照设计方案贯彻落实。应要求管理人员多学习、多交流，提高管理水平和技术业务水平，对出现供水突发问题，能及时了解并提出方案，快速处理好问题，使用水户满意。

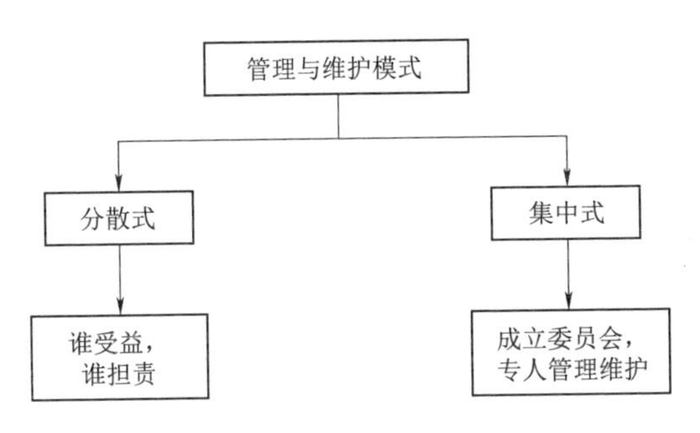

图 7.1　管理与维护模式

7.2.1　分散式管理与维护模式

分散式饮水设施的管理维护主要依照“谁受益，谁担责”的原则。单户在享受权利和利益的同时，应承担相应的义务与责任。在饮水设施安装时，应由技术人员指导用户学习管理维护手册以及管理与维护方法。

7.2.2　集中式管理与维护模式

集中式饮水设施的管理维护主要依照“成立委员会，专人管理维护”的原则，推行企业化运营、专业化管理，通过政府购买与经营权承包等方法，促使管理专业化。因地制宜明确工程产权，全面改革工程管理体制与模式，引进企业投资建设与运营。针对千人以下工程，需要经过村委会与用水协会组织、用水户协会管理，也可以根据村规，全面调动起农民参加管理和维护的主动性，促进农村供水工程管理与维护。

我国人均水资源十分匮乏，鉴于村组农民对水资源的有限性、重要性认识不够，节约用水意识不强，要求加强宣传力度，如利用世界水日、新闻媒体、报纸杂志、网络视频、图片图画等多方式宣传，提高普通民众的认识水平，让人们有缺水的危机感。同时，认识到交水费是为了更好地利用水资源，使供水工程更长久地发挥效益，更好地吃上干净水、放心水，提高受益群众自觉交水费的意识，减少后期维护压力。

7.3 管理与维护的主要工作

7.3.1 定期检查设备运行情况

通过定期对水处理设备的检查、调整、保养、润滑、维修等措施来减少设备的磨损，降低故障率，提高设备的使用效率，保障出水水质，延长设备使用寿命。供水设备的运行与日常保养应由值班人员负责，经常进行巡查、观测、记录及设备的保养和除尘。

供水设备定期维护应由维修人员负责，每年进行1～2次专业性的检查、清扫、维修、测试。供水设备大修应由专业检修人员负责，大修周期应根据有关标准、使用说明书及实际运行状况综合确定。

机电设备应运转正常、平稳、无异常噪声；设备及附属装置完好无损；阀门启闭灵活、密封良好，无漏水、漏油、漏气现象；电机及电气系统齐全，启动装置灵活，保护装置可靠，接地符合要求。

裸露在室外的金属设备及附属装置应定期除锈涂漆，防止腐蚀，基础牢固。应做好设备的防冻、防腐、防盗等措施。机电、仪表和监控设备应备有一定数量的易损零配件。

7.3.2 操作管理人员技术要求

操作管理人员在技术上应做到“四会”。

（1）会使用。熟悉水处理设备结构，掌握设备的技术性能和操作方法，并熟悉处理工艺原理，正确使用工况，既不超负荷使用设备，也不闲置设备。

（2）会保养。熟悉设备的水箱（入水口）、处理系统、出水口位置，知道所操作设备的出水水质、处理水量等相关参数；按规定做好设备的润滑和冷却；设备内外无污垢、无脏物，无锈蚀、无划伤、不漏水、不漏电、不漏气；控制系统灵敏可靠，设备四周清洁。

（3）会检查。熟悉水处理设备检查的注意事项、基本知识、精度标准、检查项目；能熟练应用和检查设备的仪表、仪器、量具、检测工具是否正常。

（4）会排除故障。在熟悉水处理设备性能、一般原理、零部件组合情况的基础上，能鉴别设备的异常声响和异常情况，及时判断设备异常部位和原因，并能排除一般故障；在设备一旦发生故障或事故时，能快速停止运行，防止损坏扩大，分析原因并采取相应措施。

7.3.3 日常维护坚持五大方针

管理操作人员对水处理设备除定期需要进行的保养检修外，还需要进行日常的维护工作，需牢记五大方针，进一步降低水处理设备故障率。

（1）清洁。在对水处理设备表面清洁的同时，要将设备死角清扫干净，让设备工作的磨损、噪声、松动、变形、渗漏等问题暴露出来，及时排除。

（2）润滑。少油、缺脂会造成润滑不良，使水处理设备运转不正常，部分零件过度磨损、温度过高造成硬度、耐磨性减低，甚至形成热疲劳和晶粒粗大的损坏，应定时、定量、定质及时加油、加脂。

（3）紧固。紧固螺栓、螺母，避免部件松动、振动、滑动、脱落而造成的故障。

（4）调整。观察温度、位置、压力、速度、流量、松紧、间隙等有无问题，及时调整，避免设备运行故障。

（5）防腐。通过隔离、涂层等方法，防止不利工况及环境对水处理设备的腐蚀。

7.3.4 制定突发事件应急预案

依靠供水规模较大的供水单位或供水服务单位，建立一定区域内的应急保障体系，包括建立抢修服务队伍，储备一定数量的拉水车、柴油发电机、水泵机组、管材、管件、消毒剂等。有条件时，还可配备移动式水处理设备、便携式水质检测、管道检漏设备等，提供应急物资保障。

供水应急预案应包括应急突发事件的分级、分类，制定不同类别、级别突发事件的应急措施，构建应急组织结构，建立监测预警、预案启动、应急响应、应急处理、应急终止等运行机制以及应急保障和监督管理机制等。

发生供水突发事件时，应及时逐级上报，通告用水户，启动应急预案，并及时通报供水突发事件的处置进展情况，供水突发事件处理后，恢复正常供水应遵循“谁启动、谁终止”的原则进行应急终止程序，并公告于众，同时上报上级主管部门。

7.4 管理与维护常见问题

7.4.1 设备管理制度不完善

大部分农村饮水工程都面临着前期重视工程的修建，在投入运行后，往往存在重建轻管的问题。后期的运行管理体制不健全，供水管理模式落后，管理关系混乱，没有形成统一可行的管理方式，从而导致职责划分十分模糊[191-192]，甚至面临着有人用、无人管的尴尬境地[193]，导致农村供水工程建设和运行管理维护工作难度更大，同时很难全面发挥出供水工程建设效益[187]。明确管理制度已经与农村供水工程的效益休戚相关。

7.4.2 管理维护人员水平欠缺

管理操作人员中除少数经过专业培训外，大部分工作人员欠缺维护管理技能，不能满足水处理设备日常管理要求[194]。农村饮水工程规模虽小，但管理人员涉及日常设备维护技术人员、工程服务管理人员、水质化验人员等缺乏专业性的知识技能，无法为农村居民提供更为良好的供水工程与保养检修服务，没有专业的人员定期检查与维护基础设施设备，难以及时发现故障隐患问题或是安全风险问题，无法快速应对和处理，最终导致设备的应用性能、应用效果降低，出现严重经济损失[195]。

7.4.3 维修保养资金短缺

一些较为偏远的农村地区，由于经济水平较差，各方面资源短缺，因此当地政府在供水工程的资金投入力度上也存在一定问题，配套资金不能够有效落实下去，因此造成大部分工程项目虽已经构建完成，但相关管理维护工作并没有做到位，供水工程建设效果差，无法满足地区供水的实际需求，导致农村居民的饮水安全不能得到有力保障[196]。

近年来工程建设材料与人工成本的提高，使得管理方的财政压力不断提升，导致农村供水工程的管理与维护工作难以顺利进行下去。

同时，分散式的供水设备出现故障后，由于私人管理、维修更换的零部件质量可能参差不齐，导致设施的故障率提高，降低使用寿命。

7.4.4 智慧化和信息化建设水平不高

由于多数地区水务信息化程度不高、管理水平低下，大部分基础的供水管理任务主要依靠人工管理维护，费时费力，效率低下。从维护效率方面，对于管网出现漏损问题只能事后补救，无法提前对管道压力异常情况进行监测预警，采取及时的维护补救措施；从水质安全方面，无法及时对全区域水质情况实时在线监测，仅通过定期抽查送样等方式监测，水质结果具有滞后性，不能实时获取水质检测最新数据；从水费缴纳方面，人工收取水费不仅增加水管人员工作压力，而且存在水费收缴困难等问题；从管护信息公开方面，部分地区还没有实现水务信息数据交换和共享，无法实现数据可视化，无法为供水决策提供相关数据分析，导致供水管理信息滞后。基于以上问题，村镇供水的信息化水平和智慧化管理亟待提升。

7.5 维护保修措施

7.5.1 建立自动检测报警装置

针对村镇非常规水源水处理设施建议采用人工结合自动化的设备管理模式，在人工管理模式中加入自动化管理，形成“设备报警、人工检修”的管理系统。净水装置现场宜设置一定数量的浊度、余氯、pH 值等水质在线监测仪表，并根据经济发展水平选择配置其他水质在线仪表，通过仪表与计算机的结合，实现对检测和控制系统的全程全方位运行状态的监视，将会极大程度上减少设备管理和维修方面的费用。在人工管理检测设备时，运行操作人员应定期对自动监控系统和设备进行巡视、检查、测试、校准和记录，校对设备的准确性、完整性、联动性，确保水位、水量、水压、水质等在线监测数据及时传送到监控中心进行监控和处理。每年应至少对自动监控设备进行 1 次全面检查和清扫，发现系统监测数据与实际不符等异常情况时应及时处理，并做好记录。

7.5.2 制定管理维护快速手册

通过制定水处理设备管理维护快速手册，明确水处理设备管理维护目的、意义、方法、更换零部件参数等内容，制定故障快速检测与修理方案，需将各种非常规现象与可能导致的原因进行统合联系，便于管理维护人员快速查找并解决问题。

7.5.3 建立设备档案

由专人负责，建立设备管护档案，对水处理设备的性能参数、检修技术规范、设备维护状况、主要备件目录、运行记录、检修记录、设备事故记录、封存报废记录进行全程全方位的记录、管理和保存。凡大修设备必须严格计划，并说明更换原因及处理意见，附零配件更换表，确认维修正常后，维修负责人必须进行调试验收并签字确认。加强水处理设备管理，充分了解单机设备使用维护情况。

设备档案应包含以下方面：

(1) 设备一般特点及技术特性（如设备编号、名称、规格、技术参数、制造厂家、投产日期、操作运行条件等）。

(2) 设备检验总结报告。

(3) 附属设备明细表。

(4) 重大缺陷记录。

(5) 安装测试记录。

(6) 设备检修记录。

(7) 主要配件更换记录。

(8) 设备运转时间累计。

(9) 设备技术改造和更新记录。

(10) 设备故障及事故记录。

7.5.4 设施运行评价

制定健全的设备运行评价措施，对每台设备，依据其出水水质，制定出检查点、检查内容、正常运行的参数标准，并确定出明确的检查周期[197]。管理人员对检查中发现的设备缺陷、隐患，提出应安排检修的项目，纳入检修计划。

7.5.5 设施维护监督机制

按照实况，建立与本地区实际情况相符的基层农村供水专业管理机构，同时拟定有效的规章制度，全面履行集中供水工程管理与维护职责。对县级水务主要管理部门来说，需要建立专业的机构与团队，不但要设置县级供水总站，还要设置农村供水安全管理维修部门，按照维修要求对供水安全工程展开运行维护与管理，同时提供维修服务和对应的技术指导[198]。

对于分散式供水工程的管理与维护监督工作，应由设备负责人与安装技术人员共同负责，安装技术人员应告知个体负责人所应履行的职责与义务，确保设备交付后居民能够正常用水，满足交付条件。安装技术人员应定期对设备进行维护监督，确保设备的稳定运行。

明确划分各个管理岗位的具体职责，并将管理制度层层落实，采取责任负责制，尤其要严格规定安全管理与财务管理等多方面管理责任，并辅以健全的监督管理机制，定期针对农村供水工程进度和质量以及效率进行严格的检查，对不合理之处要监督责令整改，真正发挥出制度的约束和规范作用[199]。

参 考 文 献

[1] 陈现强．超滤集成工艺处理西北村镇窖水实验研究［D］．兰州：兰州交通大学，2015.

[2] 迟玉金．水厂微絮凝过滤实施方案探讨［J］．南方农机，2018，49（11）：245.

[3] 黄斌，施周，张乐，等．基于颗粒物计数的微絮凝强化过滤效果探讨［J］．中国给水排水，2016，32（23）：54－57.

[4] 杜峻，徐建初，高乃云，等．微絮凝过滤工艺在机场雨水中水回用中的试验研究［J］．净水技术，2009，28（3）：57－60.

[5] 左敬友．电催化氧化技术在有机废水处理中的应用［J］．能源与环境，2021（4）：67－69.

[6] 杜星，王金鹏，赵文涛，等．电氧化耦合纳滤工艺处理微污染苦咸水研究［J］．水处理技术，2022，48（4）：137－142.

[7] RYAN D R，MAHER E K，HEFFRON J，et al. Electrocoagulation－electrooxidation for mitigating trace organic compounds in model drinking water sources［J］．Chemosphere，2020，273：129377.

[8] PERIYASAMY S，MUTHUCHAMY M. Electrochemical oxidation of paracetamol in water by graphite anode：Effect of pH，electrolyte concentration and current density［J］．Journal of Environmental Chemical Engineering，2018，6（6）：7358－7367.

[9] 张国珍，杨公博，李舜，等．超滤集成工艺对西北村镇窖水处理的应用研究［J］．水处理技术，2012，38（4）：107－110，113.

[10] 陈磊．超滤技术在纯水深度处理中的应用［J］．北方环境，2011，23（4）：130－131.

[11] 刘雷，郑雨，王岳，等．重力流超滤长期净水效果评价及其清洗方法［J］．环境工程学报，2022，16（6）：1797－1806.

[12] 郑雨．西北村镇地区雨水重力流超滤技术开发与通量稳定机制研究［D］．济南：山东建筑大学，2022.

[13] 鲁金凤，王斌，郑亮，等．生物慢滤技术在水处理中的应用现状及进展［J］．中国给水排水，2018，34（8）：31－35.

[14] 杨浩，张国珍，杨晓妮，等．粗滤/生物慢滤技术在集雨窖水处理中的生产应用［J］．中国给水排水，2013，29（23）：47－51.

[15] 张国珍，李舜，刘晓冬，等. 粗滤慢滤技术在西北村镇集雨窖水处理中的应用研究 [J]. 给水排水，2012，48 (2)：11-15.

[16] 冉冉. 臭氧-生物活性炭技术在给水处理中的应用 [J]. 广西轻工业，2011，27 (1)：79-80.

[17] 王柯，杨忠莲，朱永林，等. 长江下游原水臭氧-生物活性炭深度处理效果及有机物特性变化 [J]. 净水技术，2020，39 (4)：45-53.

[18] 侯宝芹，韩卫，倪杭娟. 臭氧生物活性炭深度处理工艺机理及其净水效果研究 [J]. 城镇供水，2018，(5)：21-25.

[19] 朱俊彦. 紫外线消毒技术在污水处理中的应用分析 [J]. 山西建筑，2021，47 (4)：96-99.

[20] 刘鹏. 连续流光纤紫外消毒装置设计及消毒效果研究 [D]. 哈尔滨：哈尔滨工业大学，2009.

[21] 孙雯. 紫外线消毒对水中微生物灭活及生物稳定性研究 [D]. 青岛理工大学，2009.

[22] 赵建超，黄廷林，文刚，等. 紫外-氯顺序灭活地下水源水中真菌的效能 [J]. 环境工程学报，2016，10 (12)：6867-6872.

[23] 肖龙，甘春娟，陈颖，等. 电化学氧化技术在雨水消毒中的研究进展 [J]. 工业用水与废水，2020，51 (4)：6-10，33.

[24] 赵树理. 电化学法用于再生水消毒的研究 [D]. 北京：清华大学，2015.

[25] FENG W，ANA D，WANG Z，et al. Electrochemical oxidation disinfects urban stormwater：Major disinfection mechanisms and longevity tests [J]. Science of The Total Environment，2018，646：1440-1447.

[26] FENG W，MCCARTHY D，WANG Z，et al. Stormwater disinfection using electrochemical oxidation：A feasibility investigation [J]. Water Research，2018，140：301-310.

[27] 董秉直，曹达文，范瑾初，等. 天然原水有机物分子量分布的测定 [J]. 给水排水，2000，(1)：30-33，2.

[28] 杨威，雷晓玲，王忠运，等. 直接超滤工艺处理微污染水库水的工程实践 [J]. 中国给水排水，2017，33 (19)：42-45.

[29] 李世勇，武福平，张国珍，等. 超滤与强化混凝及其联用技术处理微污染窖水 [J]. 应用化工，2020，49 (12)：2982-2985，2997.

[30] 王占金. 超滤工艺处理微污染水源水研究 [D]. 济南：济南大学，2010.

[31] 李诚. 超滤膜集成工艺处理滦河水的中试研究 [D]. 西安：西安建筑科技大学，2013.

[32] 尹华升. 微絮凝-超滤工艺处理微污染水库水试验研究 [D]. 长沙：湖南大

学，2006.

[33] 宋昭. 三维电极电催化降解双氯芬酸研究 [D]. 哈尔滨：哈尔滨工业大学，2017.

[34] 肖梦石. 三维粒子电极电催化氧化非那西丁的研究 [D]. 天津：天津工业大学，2016.

[35] 刘来胜. 生物慢滤技术研究及其在集雨水饮用安全保障中的应用 [D]. 北京：中国水利水电科学研究院，2013.

[36] 朱利民. 电化学-生物接触氧化组合技术处理除草剂废水效能研究 [D]. 哈尔滨：哈尔滨工业大学，2011.

[37] PETER - VARBANETS M，HAMMES F，VITAL M，et al. Stabilization of flux during dead - end ultra - low pressure ultrafiltration [J]. Water Res，2010，44 (12)：3607 - 3616.

[38] DING A，WANG J，LIN D，et al. A low pressure gravity - driven membrane filtration (GDM) system for rainwater recycling：Flux stabilization and removal performance [J]. Chemosphere，2017，172：21 - 28.

[39] PRONK W，DING A，MORGENROTH E，et al. Gravity - driven membrane filtration for water and wastewater treatment：A review [J]. Water Research，2019，149 (FEB. 1)：553 - 565.

[40] 冯波. 甘肃省庆阳市苦咸水现状及开发利用思路 [J]. 北京农业：下旬刊，2015，(9)：200 - 201.

[41] 何灏川. 庆阳市非常规水资源与常规水资源协同配置研究 [D]. 咸阳：西北农林科技大学，2020.

[42] 世界卫生组织：全球三分之一的人无法获得安全饮用水 [J]. 中国卫生政策研究，2019，12 (07)：58.

[43] 袁文璟. 混凝沉淀-超滤工艺改善河道水感官品质及作用机理研究 [D]. 上海：上海交通大学，2020.

[44] 韩耀霞. 强化混凝净化微污染水源水的效益分析 [J]. 现代农业科技，2010，(17)：274 - 275.

[45] 张先炳. 臭氧/微电解工艺处理活性偶氮染料废水的效能与作用机制 [D]. 哈尔滨：哈尔滨工业大学，2015.

[46] 刘禧文，闫慧敏，韩正双，等. 水中8种典型嗅味物质的氧化去除研究 [J]. 供水技术，2020，14 (4)：1 - 7.

[47] 付乐. 饮用水深度净化工艺中试研究 [D]. 武汉：华中科技大学，2006.

[48] 余健. 生物过滤去除饮用水中有机物、铁和锰的特性与机理研究 [D]. 长沙：湖南大学，2005.

[49] 陶光华. 曝气生物滤池在城市饮用净水处理中的应用研究 [D]. 广州：华南理工大

学，2010.

[50] 王少华，施卫娟，贺鑫，等. 纳滤深度处理在饮用水厂的应用与实践 [J]. 给水排水，2021，57 (10)：13 - 19.

[51] 吴玉超. 纳滤用于提升某微污染水源水厂出水水质的效果研究 [D]. 北京：清华大学，2016.

[52] 麦正军，方振东，姚吉伦，等. 低压条件下纳滤膜去除地下水中无机盐的试验研究 [J]. 后勤工程学院学报，2017，33 (2)：44 - 47，52.

[53] 徐悦. 纳滤和反渗透技术对饮用水中可同化有机碳 (AOC) 的去除特性的研究 [D]. 上海：同济大学，2007.

[54] LISTIARINI K，TOR J T，SUN D D，et al. Hybrid coagulation - nanofiltration membrane for removal of bromate and humic acid in water [J]. Journal of Membrane Science，2010，365 (1 - 2)：154 - 159.

[55] ZHANG J，ZHANG Y，QUAN X. Electricity assisted anaerobic treatment of salinity wastewater and its effects on microbial communities [J]. Water Research，2012，46 (11)：3535 - 3543.

[56] ZEYOUDI M，ALTENAIJI E，OZER L Y，et al. Impact of continuous and intermittent supply of electric field on the function and microbial community of wastewater treatment electro - bioreactors [J]. Electrochimica Acta，2015，181：271 - 279.

[57] MELLOR R B，RONNENBERG J，CAMPBELL W H，et al. Reduction of nitrate and nitrite in water by immobilized enzymes [J]. Nature，1992，355 (6362)：717 - 719.

[58] GUO M，HUANG J，HU H，et al. UV inactivation and characteristics after photoreactivation of Escherichia coli with plasmid：health safety concern about UV disinfection [J]. Water Research，2012，46 (13)：4031 - 4036.

[59] PIGEOT - RéMY S，SIMONET F，ATLAN D，et al. Bactericidal efficiency and mode of action：a comparative study of photochemistry and photocatalysis [J]. Water Research，2012，46 (10)：3208 - 3218.

[60] CHO M，CHUNG H，CHOI W，et al. Linear correlation between inactivation of E. coli and OH radical concentration in TiO_2 photocatalytic disinfection [J]. Water Research，2004，38 (4)：1069 - 1077.

[61] ASHIKAGA T，WADA M，KOBAYASHI H，et al. Effect of the photocatalytic activity of TiO_2 on plasmid DNA [J]. Mutation Research/Genetic Toxicology and Environmental Mutagenesis，2000，466 (1)：1 - 7.

[62] MATSUNAGA T，TOMODA R，NAKAJIMA T，et al. Continuous - sterilization system that uses photosemiconductor powders [J]. Applied and Environmental Microbiology，1988，54 (6)：1330 - 1333.

[63] ZHOU Q，MA S，ZHAN S. Superior photocatalytic disinfection effect of Ag - 3D ordered mesoporous CeO_2 under visible light [J]. Applied Catalysis B：Environmental，2018，224：27 - 37.

[64] 黄利强，许昱，郭松林. 纳米 TiO_2 光催化杀灭水产病原菌的研究 [J]. 集美大学学报（自然科学版），2010，15（4）：254 - 257.

[65] 李娟红，雷闫盈，王小刚. 半导体 TiO_2 纳米微粒膜光催化杀菌机理与性能的研究 [J]. 材料工程，2006，(S1)：222 - 224，228.

[66] VICKERS J C，THOMPSON M A，KELKAR U G. The use of membrane filtration in conjunction with coagulation processes for improved NOM removal [J]. Desalination，1995，102（1 - 3）：57 - 61.

[67] LEIKNES T，ØDEGAARD H，MYKLEBUST H. Removal of natural organic matter（NOM）in drinking water treatment by coagulation - microfiltration using metal membranes [J]. Journal of Membrane Science，2004，242（1 - 2）：47 - 55.

[68] 崔俊华，王培宁，李凯，等. 基于在线混凝-超滤组合工艺的微污染地表水处理 [J]. 河北工程大学学报（自然科学版），2011，28（1）：52 - 56，63.

[69] 陈益清，李风，乔铁军，等. 混凝-超滤组合工艺运行优化研究 [J]. 中国给水排水，2013，29（20）：49 - 52.

[70] LIU T，CHEN Z L，YU W Z，et al. Effect of two - stage coagulant addition on coagulation - ultrafiltration process for treatment of humic - rich water [J]. Water Research，2011，45（14）：4260 - 4268.

[71] 吴亚慧. 花都水厂深度处理工艺研究 [D]. 广州：华南理工大学，2020.

[72] 张泽玺，王宝山，许亚兵，等. 电-生物耦合技术降解中药提取废水及微生物群落分析 [J]. 精细化工，2021，38（2）：387 - 394.

[73] 左社强，唐志坚，张平. 臭氧-生物活性炭饮用水处理技术及其应用前景 [J]. 能源工程，2003，(1)：33 - 36.

[74] KAIYA Y，ITOH Y，FUJITA K，et al. Study on fouling materials in the membrane treatment process for potable water [J]. Desalination，1996，106（1 - 3）：71 - 77.

[75] 陈文，郑自宽，谢军健，等. 我国非常规水源苦咸水资源及其分布特征研究 [J]. 水文，2021，41（5）：1 - 6.

[76] 陈文，郑自宽，谢军健，等. 中国西北地区苦咸水资源及其分布特征 [J]. 地下水，2021，43（4）：9 - 13.

[77] 曹宁，高莹，徐根祺. 苦咸水反渗透淡化技术的研究 [J]. 硅酸盐通报，2017，36（4）：1241 - 1244.

[78] 吴琼，梁伊，高凡，等. 新疆阿拉尔市苦咸水水化学特征、分布及成因分析 [J]. 环境化学，2021，40（3）：737 - 745.

[79] 王菁，孟祥周，陈玲，等. 苦咸水成因及其淡化技术研究进展 [J]. 甘肃农业科技，2010，415 (7)：39 - 42.

[80] 麦正军，赵志伟，彭伟，等. 苦咸水淡化工艺的应用研究进展 [J]. 兵器装备工程学报，2017，38 (1)：174 - 177.

[81] 李向全，余秋生，侯新伟，等. 宁南清水河盆地地下水循环特征与苦咸水成因 [J]. 水文地质工程地质，2006 (1)：46 - 51.

[82] 周承刚，白喜庆. 宁夏南部地区苦咸水化地下水的成因 [J]. 煤田地质与勘探，1999 (4)：37 - 39.

[83] 李彬，王志春，梁正伟，等. 吉林省西部苏打碱土区地下水的地球化学特征 [J]. 水土保持学报，2006 (4)：148 - 151.

[84] 王立新，郭颜威，王秀明. 苦咸水淡化处理方法探讨 [J]. 安全与环境工程，2006，(01)：66 - 69.

[85] 樊丽琴，杨建国，王长军. 银北灌区地下水动态及其对土壤盐分的影响 [J]. 甘肃农业科技，2008，388 (4)：11 - 14.

[86] 郑自宽，扈家昱，郭西峰. 甘肃省非常规水源：苦咸水资源及其分布特征 [J]. 甘肃水利水电技术，2021，57 (1)：14 - 19.

[87] 戴向前，刘昌明，李丽娟. 我国农村饮水安全问题探讨与对策 [J]. 地理学报，2007 (9)：907 - 916.

[88] 饶明. 关于膜法水处理技术运用于农村饮水安全的分析 [J]. 科技与企业，2016，303 (6)：216，218.

[89] 赵翠，高奇奇，张艳华，等. 苦咸水淡化处理技术研究进展 [J]. 水利发展研究，2021，21 (8)：61 - 65.

[90] 郑智颖，李凤臣，李倩，等. 海水淡化技术应用研究及发展现状 [J]. 科学通报，2016，61 (21)：2344 - 2370.

[91] KOUTSOU C P，KRITIKOS E，KARABELAS A J，et al. Analysis of temperature effects on the specific energy consumption in reverse osmosis desalination processes [J]. Desalination，2020，476，114 - 213.

[92] 王淑娜，侯素霞，陈建军，等. 反渗透淡化高氟苦咸水试验研究 [J]. 河北建筑工程学院学报，2007，83 (1)：49 - 51.

[93] 董林，陈青柏，王建友，等. 电渗析苦咸水淡化技术研究进展 [J]. 化工进展，2022，41 (4)：2102 - 2114.

[94] 赵相山，杜春良，王晶晶，等. 膜法淡化苦咸水的现状分析 [J]. 山东化工，2021，50 (10)：81 - 83，85.

[95] 李文章，胡延博. 推广咸水淡化技术 共建人水和谐社会 [J]. 河北水利，2005 (8)：5 - 11.

[96] 王晓琳. 纳滤膜分离机理及其应用研究进展 [J]. 化学通报，2001 (2)：86-90，115.

[97] 李东洋，晏鹏，王生辉，等. 纳滤工艺在苦咸水淡化工程中的应用 [J]. 盐科学与化工，2021，50 (2)：10-13.

[98] 高从堦，郑根江，汪锰，等. 正渗透-水纯化和脱盐的新途径 [J]. 水处理技术，2008，190 (2)：1-4，8.

[99] 段来发. 浅析咸水淡化工艺技术的现状与发展 [J]. 给水排水，2013，49 (S1)：83-87.

[100] 韩建伟. 反渗透工艺与多效蒸馏工艺海水淡化技术经济比较 [J]. 广州化工，2017，45 (4)：105-107.

[101] 张岩，赵同国，任方云，等. 冷冻法海水淡化技术研究进展 [J]. 水处理技术，2022，48 (5)：7-11.

[102] 罗从双，谌文武，韩文峰. 冷冻法净化苦咸水的实验 [J]. 兰州大学学报（自然科学版)，2010，46 (2)：6-10.

[103] 陈志莉，何强，庄春龙，等. 太阳能苦咸水（海水）淡化系统的运行研究 [J]. 中国给水排水，2009，25 (23)：61-63.

[104] 冯宾春，赵卫全. 风能海水（苦咸水）淡化现状 [J]. 水利水电技术，2009，40 (9)：8-11.

[105] 潘海如. 某化工高盐废水膜分离提取硫酸钠研究 [D]. 合肥：安徽建筑大学，2022.

[106] 蔡辉. 反渗透膜污染清洗技术的应用 [J]. 清洗世界，2021，37 (11)：12-13.

[107] 张杰. 反渗透系统的运行维护与清洗 [J]. 化工设计通讯，2021，47 (11)：69-71.

[108] AHMED F E，HASHAIKEH R，HILAL N. Hybrid technologies：The future of energy efficient desalination-A review [J]. Desalination，2020，495，114659.

[109] GREENLEE L F，LAWLER D F，FREEMAN B D，et al. Reverse osmosis desalination：Water sources，technology，and today's challenges [J]. Water Research，2009，43 (9)：2317-2348.

[110] 谭永文，张维润，沈炎章. 反渗透工程的应用及发展趋势 [J]. 膜科学与技术，2003 (4)：110-115.

[111] CHEHAYEB K M，FARHAT D M，NAYAR K G，et al. Optimal design and operation of electrodialysis for brackish-water desalination and for high-salinity brine concentration [J]. Desalination，2017，420：167-182.

[112] KARABELAS A J，KOUTSOU C P，KOSTOGLOU M，et al. Analysis of specific energy consumption in reverse osmosis desalination processes [J]. Desalination，2018，431：15-21.

[113] ALSARAYREH A A, AL - OBAIDI M A, AL - HROUB A M, et al. Evaluation and minimisation of energy consumption in a medium - scale reverse osmosis brackish water desalination plant [J]. Journal of Cleaner Production, 2020, 248: 119220.

[114] AHMAD G E, SCHMID J. Feasibility study of brackish water desalination in the Egyptian deserts and rural regions using PV systems [J]. Energy Conversion and Management, 2002, 43 (18): 2641 - 2649.

[115] 王应平，雷进武，焦光联. 庆阳 38000t/d 反渗透苦咸水淡化工程 [C]. 2009 年全国非常规水源利用技术研讨会，2009.

[116] JABER I S, AHMED M R. Technical and economic evaluation of brackish groundwater desalination by reverse osmosis (RO) process [J]. Desalination, 2004, 165: 209 - 213.

[117] 何绪文，宋志伟，王殿芳，等. 反渗透技术在煤矿苦咸水处理中的应用研究 [J]. 中国矿业大学学报，2002 (6): 74 - 77.

[118] MITEV D, RADEVA E, PESHEV D, et al. PECVD modification of nano & ultrafiltration membranes for organic solvent nanofiltration [J]. Journal of Membrane Science, 2018, 548: 540 - 547.

[119] SUHALIM N S, KASIM N, MAHMOUDI E, et al. Rejection Mechanism of Ionic Solute Removal by Nanofiltration Membranes: An Overview [J]. Nanomaterials, 2022, 12 (3): 437.

[120] ALI M B, MNIF A, HAMROUNI B, et al. Electrodialytic desalination of brackish water: effect of process parameters and water characteristics [J]. Ionics, 2010, 16 (7): 621 - 629.

[121] SANCIOLO P, MILNE N, TAYLOR K, et al. Silica scale mitigation for high recovery reverse osmosis of groundwater for a mining process [J]. Desalination, 2014, 340: 49 - 58.

[122] PARLAR I, HACIFAZLIOGLU M, KABAY N, et al. Performance comparison of reverse osmosis (RO) with integrated nanofiltration (NF) and reverse osmosis process for desalination of MBR effluent [J]. Journal of Water Process Engineering, 2018, 29: 100640.

[123] EMAMJOMEH M M, TORABI H, MOUSAZADEH M, et al. Impact of independent and non - independent parameters on various elements' rejection by nanofiltration employed in groundwater treatment [J]. Applied Water Science, 2019, 9 (4): 1 - 10.

[124] 刘丹阳，赵尔卓，仲丽娟，等. 低压纳滤膜用于微污染地表水深度处理的中试研究 [J]. 给水排水，2019, 55 (4): 15 - 23.

[125] 张显球，张林生，杜明霞. 纳滤去除水中的有害离子 [J]. 水处理技术，2006 (1)：6-9.

[126] 王晓伟. 纳滤膜净化高氟高砷地下水的试验研究 [D]. 兰州：兰州交通大学，2010.

[127] 徐淑伟，来凤堂，陆秀香，等. 电渗析在热电厂反渗透浓水回用中的应用 [J]. 发酵科技通讯，2021，50 (3)：145-148.

[128] 张委，张莉，谢永刚，等. 双极膜电渗析法制备巯基乙酸的应用研究 [J]. 膜科学与技术，2021，41 (5)：114-120，138.

[129] 魏标文. 电渗析阴离子交换膜的制备、结构与性能关系研究 [D]. 广州：华南理工大学，2020.

[130] 莫恒亮，唐阳，陈咏梅，等. 流动电极电吸附 (FCDI) 与电渗析 (ED) 耦合实现连续脱盐技术研究 [J]. 现代化工，2019，39 (5)：91-95.

[131] 石绍渊，张晓琴，王汝南，等. 填充床电渗析技术的研究进展 [J]. 膜科学与技术，2013，33 (5)：108-114.

[132] MIESIAC I，RUKOWICZ B. Bipolar membrane and water splitting in electrodialysis [J]. Electrocatalysis，2022，13 (2)：101-107.

[133] 潘海如，陈广洲，高雅伦，等. 电渗析技术在高含盐废水处理中的研究进展 [J]. 应用化工，2021，50 (10)：2886-2891.

[134] 徐洁，康长安，辛朝. 电渗析技术处理氧化铝厂碱性废水实验研究 [J]. 工业安全与环保，2011，37 (3)：41-42.

[135] 张维润，樊雄. 电渗析浓缩海水制盐 [J]. 水处理技术，2009，35 (2)：1-4.

[136] LEE S，AHN H. Structural equation model for EDI controls：controls design perspective [J]. Expert Systems with Applications，2009，36 (2)：1731-1749.

[137] PAZOS M，SANROMAN M A，CAMESELLE C. Improvement in electrokinetic remediation of heavy metal spiked kaolin with the polarity exchange technique [J]. Chemosphere，2006，62 (5)：817-822.

[138] GALAMA A H，SAAKES M，BRUNING H，et al. Seawater predesalination with electrodialysis [J]. Desalination，2014，342：61-69.

[139] 朱玉兰. 海水淡化技术的研究进展 [J]. 能源研究与信息，2010，26 (2)：72-78.

[140] 李云溪，任小锐，武琼，等. 礼泉县秋季降水变化特征分析 [J]. 农业灾害研究，2022，12 (4)：136-138.

[141] 闫志安. 礼泉县北部山区干旱地带地下水资源综合开发利用研究 [J]. 地下水，2016，38 (5)：63-64.

[142] 胡承志. 电化学-双膜法海水淡化技术应用广泛 [N]. 中国水利报，2022-09-08 (008).

[143] 刘彦涛. 超滤-反渗透双膜法在海水淡化中的应用研究 [D]. 北京：清华大

学，2015.
[144] 范功端，苏昭越，魏忠庆，等. 超滤/反渗透一体化装置处理苦咸水的中试研究[J]. 中国给水排水，2015，31 (17)：7 - 11.
[145] 魏巍. 电渗析海水淡化制备饮用水的应用研究 [D]. 兰州：兰州交通大学，2018.
[146] 孙小寒，苏成龙，王建友. 离子选择性电渗析处理海水淡化浓海水 [J]. 水处理技术，2015，41 (11)：86 - 91.
[147] 王浩歌，王小娟. 电渗析海水淡化技术研究进展 [J]. 广东化工，2017，44 (20)：138 - 140，137.
[148] KIM S，MARION M，JEONG B - H，et al. Crossflow membrane filtration of interacting nanoparticle suspensions [J]. J Membr Sci，2006，284：361 - 372.
[149] 国外海水淡化发展现状、趋势及启示 [J]. 节能与环保，2006 (10)：5 - 7.
[150] BARCO M，PLANAS C，PALACIOS Ó，et al. Simultaneous quantitative analysis of anionic，cationic，and nonionic surfactants in water by electrospray ionization mass spectrometry with flow injection analysis [J]. Anal Chem，2003，75 19：5129 - 5136.
[151] WALHA K，AMAR R B，FIRDAOUS L，et al. Brackish groundwater treatment by nanofiltration，reverse osmosis and electrodialysis in Tunisia：performance and cost comparison [J]. Desalination，2007，207：95 - 106.
[152] GOZáLVEZ J M，LORA J H，MENDOZA J A，et al. Modelling of a low - pressure reverse osmosis system with concentrate recirculation to obtain high recovery levels [J]. Desalination，2002，144：341 - 345.
[153] LEPARC J，RAPENNE S，COURTIES C，et al. Water quality and performance evaluation at seawater reverse osmosis plants through the use of advanced analytical tools [J]. Desalination，2007，203：243 - 255.
[154] 于洋，张兆军. 海水淡化反渗透膜不再依赖进口 [N]. 2012 - 04 - 18 (001).
[155] 唐维，王立军. 反渗透海水淡化技术在北方海岛的应用实例 [J]. 工业水处理，2022，42 (10)：176 - 181.
[156] 尹广军，陈福明. 电容去离子研究进展 [J]. 水处理技术，2003 (2)：63 - 66.
[157] LIKHACHEV D S，LI F C. Large - scale water desalination methods：a review and new perspectives [J]. Desalin Water Treat，2013，51：2836 - 2849.
[158] LEE J B，PARK K K，EUM H，et al. Desalination of a thermal power plant wastewater by membrane capacitive deionization [J]. Desalination，2006，196：125 - 134.
[159] ZHAO R，BIESHEUVEL P M，WAL A V D. Energy consumption and constant current operation in membrane capacitive deionization [J]. Energy and Environmen-

tal Science，2012，5：9520－9527.
[160] SUSS M E，BAUMANN T F，BOURCIER W L，et al. Capacitive desalination with flow－through electrodes [J]. Energy and Environmental Science，2012，5：9511－9519.
[161] 樊智锋，李焱，王晓鹏. 热膜耦合海水淡化技术现状与展望 [J]. 电站辅机，2013，34 (3)：9－12.
[162] HAMED O A. Overview of hybrid desalination systems－current status and future prospects [J]. Desalination，2005，186：207－214.
[163] AHMAD N A，GOH P S，YOGARATHINAM L T，et al. Current advances in membrane technologies for produced water desalination [J]. Desalination，2020，493：1－22.
[164] ALMULLA A，HAMAD A，GADALLA M A. Integrating hybrid systems with existing thermal desalination plants [J]. Desalination，2005，174：171－192.
[165] 伍联营. 基于遗传算法的海水淡化及其集成系统优化设计研究 [D]. 青岛：中国海洋大学，2012.
[166] 只健强，郭民臣，赵朦，等. 热膜耦合海水淡化工艺系统热经济性评价 [J]. 资源节约与环保，2017 (9)：27－32.
[167] 靖阳，李欣，赵宁华，等. 双膜法脱盐过程中 RO 浓水再处理工艺研究 [J]. 中国给水排水，2017，33 (9)：97－100.
[168] 纪伟光，李琪，高顺明，等. 超滤在海水淡化系统中的应用 [J]. 山东电力技术，2011 (1)：77－80.
[169] 付江涛，刘潘，刘艳军，等. 电厂膜法海水淡化工程预处理成本及工艺选择 [J]. 水处理技术，2014，40 (6)：120－122.
[170] 张静，邱利祥，苏定江. 一体化工艺在膜法海水淡化预处理中的应用 [J]. 有色冶金设计与研究，2011，32 (6)：46－48.
[171] 丁椿夏，丁温丽. 双膜法处理海水淡化技术的研究进展 [J]. 农技服务，2017，34 (13)：175.
[172] 杨树军，周冲，晏鹏. 海水淡化在海岛应用的工程案例 [J]. 中国给水排水，2018，34 (6)：89－92.
[173] 郭冠军，韩梦龙，莫冰玉，等. 反渗透水处理技术及其应用趋势研究 [J]. 价值工程，2020，39 (3)：201－202.
[174] 郑超，朱军，张宁，等. 水处理膜技术发展现状及趋势分析 [J]. 中国设备工程，2022，(14)：224－226.
[175] 李权. 膜分离技术的研究进展及应用展望 [J]. 化学工程与装备，2022 (8)：247－248.
[176] 王世明，李晴，周婷. 海水淡化集成技术的相关研究 [J]. 环境工程，2017，

35 (1): 1-5.

[177] 伍联营，肖胜楠，胡仰栋，等. 热膜耦合海水淡化系统的优化设计 [J]. 化工学报，2012，63 (11): 3574-3578.

[178] 李长松，徐畅达，王栋. 热法海水淡化新兴技术研究综述 [J]. 上海节能，2016 (4): 175-179.

[179] 唐智新，吴礼云，梁红英，等. 热膜耦合海水淡化实验研究 [J]. 冶金动力，2018 (1): 52-56.

[180] 马妍，李之瑞，韩延民. 热膜耦合海水淡化节能分析 [J]. 上海节能，2022 (6): 732-737.

[181] 胥建美，任建波，谢春刚，等. 海水淡化耦合技术的发展应用与展望 [J]. 净水技术，2021，40 (S2): 46-50.

[182] 黄黛诗. 膜电容脱盐（MCDI）小试装置除盐特性研究 [D]. 北京：清华大学，2015.

[183] 赵研. 强化电容去离子脱盐的实验与机理研究 [D]. 沈阳：东北大学，2015.

[184] 张须媚，王霜，高娟娟，等. 电容去离子技术在水处理中的应用 [J]. 水处理技术，2018，44 (9): 16-21，31.

[185] 姚寿广，荣一龙. 500L/d电容去离子法海水淡化装置设计与性能测试 [J]. 江苏船舶，2019，36 (5): 16-18，5.

[186] 刘彦吉，邱俐鑫，王子平，等. 电容去离子技术研究 [J]. 现代盐化工，2017，44 (5): 4-5.

[187] 麦麦提吐孙·吐尔地. 农村供水建设管理运行的问题与对策 [J]. 农业科技与装备，2014 (2): 56-57，60.

[188] 徐海燕，赵田文. 志丹县村镇供水工程运行管理现状及对策建议探析 [J]. 地下水，2021，43 (5): 112-113.

[189] 马翻娥，钱晓娜. 米脂县村镇供水存在问题与对策 [J]. 陕西水利，2015 (5): 44-45.

[190] 张尚利. 平阴县孔村镇供水管网维护经验做法 [J]. 山东水利，2021 (7): 85-86.

[191] 胡福贵. 天水市麦积区农村饮水安全工程运行管理对策 [J]. 农业科技与信息，2017 (12): 21，25.

[192] 马翠翠. 分析农村饮水安全措施与饮水工程管理 [J]. 农家参谋，2021 (15): 167-168.

[193] 王济友. 新时期推进旬阳县村镇饮水安全建设管理的思考 [J]. 陕西水利，2014 (5): 35-36.

[194] 张杰. 湖南村镇供水工程存在的问题及对策探讨 [J]. 湖南水利水电，2011 (3): 55-57.

[195] 蒋冠琼. 农村饮水工程管理及其维护措施分析 [J]. 农业科技与信息，2022 (5)：84-86.

[196] 马连弟. 农村人饮工程运行管理中存在的问题与对策 [J]. 农业科技与信息，2020 (8)：119-121.

[197] 秦丽娜，裴永刚. 村镇供水工程消毒设备的选型与维护 [J]. 海河水利，2010 (1)：32-34.

[198] 张建强. 农村供水工程管理与维护的分析 [J]. 农村实用技术，2021 (11)：116-117.

[199] 周秀芳. 张家川县农村供水工程运行管理成效及对策 [J]. 农业科技与信息，2022 (3)：72-74.